塑料物品固体废物
特征分析与属性鉴别

Characteristic Analysis and
Attribute Identification of
Solid Waste From Plastic Materials

周炳炎 赵 彤 主 编
岳 波 范育顺 副主编

化学工业出版社

·北京·

内 容 简 介

本书以塑料物品进口管理及其物质属性鉴别为主线，主要介绍了我国废塑料的进口状况，禁止进口废塑料的政策背景和法律要求，禁止进口废塑料后的进口再生塑料产品的政策和产品标准，同时汇集了鉴别实践中各种废塑料的典型案例和鉴别为不属于废塑料的典型案例。

本书为塑料物品固体废物特征分析及属性鉴别领域的专业性书籍，反映了固体废物的相对性及塑料物品鉴别的复杂性，具有知识面广和实用性强的特点，可供从事再生塑料产品进口和利用、固体废物处理处置及污染管控等的工程技术人员、科研人员和管理人员参考，也供高等学校环境科学与工程、材料工程、生态工程及相关专业师生参阅。

图书在版编目（CIP）数据

塑料物品固体废物特征分析与属性鉴别/周炳炎，赵彤主编；岳波，范育顺副主编. —北京：化学工业出版社，2023.1
ISBN 978-7-122-42506-5

Ⅰ．①塑… Ⅱ．①周… ②赵… ③岳… ④范… Ⅲ.①塑料垃圾-研究 Ⅳ．①X705

中国版本图书馆CIP数据核字（2022）第208177号

责任编辑：刘兴春 刘 婧　　　　　　　　　　　　装帧设计：刘丽华
责任校对：宋 玮

出版发行：化学工业出版社（北京市东城区青年湖南街 13 号 邮政编码 100011）
印　　装：北京建宏印刷有限公司
710mm×1000mm 1/16 印张 16¾ 字数 298 千字 2023 年 2 月北京第 1 版第 1 次印刷

购书咨询：010-64518888　　　　　　　　　　售后服务：010-64518899
网　　址：http：//www.cip.com.cn
凡购买本书，如有缺损质量问题，本社销售中心负责调换。

定　　价：158.00元　　　　　　　　　　　　版权所有　违者必究

　　党的十八大明确将"生态文明建设"纳入"五位一体"的总体布局中，十九大强调我国经济由高速增长阶段转向高质量发展阶段，建立健全绿色低碳循环发展体系。为了坚定走绿色发展的高质量发展道路，以往进口部分固体废物作为生产原材料重要补充的政策被零进口固体废物政策所取代，从立法的高度禁止固体废物进口。2017年4月，中央全面深化改革领导小组第34次会议审议通过了《关于禁止洋垃圾入境推进固体废物进口管理制度改革实施方案》，这是党中央国务院在新时期新形势下作出的一项重大决策和部署，也是保护生态环境安全和人民身体健康的一项重要改革制度，各部门坚决遵照执行。2017年生活来源废塑料被最早一批调入禁止进口废物目录，2018年工业来源废塑料也被调入禁止进口废物目录，从2018年12月31日起废塑料均实行禁止进口政策；2018年《中共中央国务院关于全面加强生态环境保护坚决打好污染防治攻坚战的意见》中提出全面禁止洋垃圾入境，力争2020年年底前基本实现固体废物零进口；2020年4月新修订的《中华人民共和国固体废物污染环境防治法》明确规定国家逐步实现固体废物零进口；2021年11月《中共中央国务院关于深入打好污染防治攻坚战的意见》中再次强调全面禁止进口"洋垃圾"，生态环境部等部门为深化巩固禁止"洋垃圾"入境工作的成果布署了多项具体措施。到2020年年底所有固体废物都已被禁止进口，当塑料物品进口过程中被海关怀疑为固体废物并被鉴别为固体废物时，可能是违规或违法行为，违法者将面临严厉的处罚。

　　废塑料之所以被最早禁止进口，主要是因为受利益驱使，许多公司进口了来源复杂、夹杂污物、良莠不齐的废塑料，长期以来生态环境主管部门和海关总署反复强调要保证进口原料的质量、符合进口可用作原料的废塑料环境污染控制标准要求。但一些企业置国家法律和政策要求不顾，随意进口甚至走私进口各种混杂和脏污的废塑料、低品质的废塑料，海关监管和执法部门屡打不绝、防不胜防。在2018年之前海关委托我们鉴别的查扣物品中废塑料占有较高的比例，明显高于其他废物类别，占鉴别案例总数的25%之多；在2018～2020年委托中国环境科学研究院固体废物污染控制技术研究所（以下简称中国环科院固体废物研究所）的鉴别案例中，被查扣的再生塑料颗粒案例仍突出，一些低品质的再生塑料颗粒被鉴别为固体废物，海关严厉打击，坚决维护国家法律法规的权威性和政府的公信力；另外，过去利用进口废塑料的企业准入门槛低，相关企业沿江沿海省份遍地开花，甚至内陆省份的企业也谋求进口，增加了我国环境污染的负荷和污染治理成本，也挤占了治理国内废塑料环境污染的有限公共资源。因此，国家下大力气整治并最终取缔进口废塑料。

在固体废物属性鉴别工作中，中国环科院固体废物研究所接触到了各种鉴别样品，塑料材料一直是其中最主要的类别。口岸海关查扣了许多疑似固体废物的塑料物品：一方面是由于塑料材料自身种类非常多、加工难度不大、应用非常广泛；另一方面是由于塑料材料的固体废物属性识别难，执法和监管机关面对疑似废物的物品需要专业机构进行甄别，今后仍将保持严格监管态势。充分认识这一现实情况有助于再生塑料行业健康发展。我们将塑料物品的相关信息和鉴别方法以及典型案例整理出来，供各进口和利用企业参考借鉴，为此贡献我们的点滴力量，希望企业掌握进口原材料质量把控方法、遵守法律底线，避免由于进口固体废物而遭受惩罚。

由于鉴别案例时间跨度大，鉴别工作一直是在摸索中前行，鉴别需要建立在物质产生来源分析基础之上，要放到生产工艺环节、使用环节、报废放弃环节中进行综合分析，进行理化特征分析；有的还要进行加工性能指标分析，每一个案例的鉴别依据都是基于当时的鉴别标准和政策要求，同类塑料材料在不同时期可能判定结论不一样。在生态环境部和国家市场监管总局的大力支持下，塑料行业协会积极组织制定再生塑料颗粒产品的国家标准，已经颁布了多项再生塑料颗粒产品标准，产品材料应符合这些标准要求，相关管理部门、再生塑料行业协会应大力组织对标准的宣传培训，企业应顺应新时代的发展要求，进口高品质的再生塑料产品。

长期以来，中国环科院固体废物研究所在鉴别工作中得到了生态环境部和海关总署等部门的大力支持和具体指导，在塑料物品鉴别工作中还得到中国塑料加工工业协会塑料再生利用专业委员会专家的业务支持，在此我们均表示衷心的感谢！本书内容分为上、中、下三篇，上篇包括对我国由允许进口废塑料到禁止进口的历程、进口再生塑料产品的基本对策、塑料物品鉴别的简要总结；中篇是海关查扣塑料物品委托鉴别案例中判断为非废物的典型案例；下篇是海关委托塑料物品鉴别案例中判断为固体废物的典型案例。从允许进口废塑料到禁止进口废塑料，再到进口再生塑料产品，20多年的历程不长也不短，鉴别案例均发挥了重要作用，每一个案例的鉴别判断都是基于当时的法规、标准、技术条件以及鉴别人员的认知水平。

本书由周炳炎、赵彤担任主编，由岳波、范育顺担任副主编，参与编写的还有于泓锦、杨玉飞、郝雅琼、孟棒棒、谢鹏、周依依、王宁。全书最后由周炳炎统稿并定稿。对为本书编写和出版做出贡献的所有人员表示感谢！本书中有些案例的来源分析引用了一些参考文献，也有一些文献（包括重复的）没有标注出来，在此一并说明并对这些参考文献的原作者表示感谢！

由于塑料物品具有复杂多样性，鉴别具有较强的专业技术性，限于编者专业知识、水平以及编写时间，书中可能存在一些不足和疏漏之处，敬请读者批评指正！

编者

2022 年 8 月

目录 CONTENTS

下篇
鉴别为固体废物的案例

废塑料由进口到禁止入境的跨越

一、废塑料产生情况及其进口历程

1 废塑料产生和回收基本情况

（1）塑料和废塑料产生总体情况

钢铁、木材、水泥和塑料是当今世界四大基础材料，尤其塑料有其他材料不具备的许多优点，世界各国的塑料制造工业都已得到长足的发展，塑料原料及其产品类别和牌号繁多，现代生活已离不开塑料，其已普遍深入人们日常生产和生活当中，由此衍生出石油资源大量消耗问题和大量废塑料的环境污染问题，受到国家、科学家、专业技术人员、广大群众的高度关注。坚持固体废物管理和处理的"三化"原则是解决废塑料环境污染的途径：首先减量化使用、减少废塑料的产生；然后进行无害化回收、循环和综合利用；最后是无害化处置。废塑料具有基数大、类别多、分布范围广、成分杂、质量轻、难降解、易沾染污物、燃烧释放有害气体等特点和问题，使废塑料收集和处理处置变得相当困难、成本高昂。但废塑料还蕴含着一定的再生利用价值，可以实现较高的资源价值。因此，废塑料循环和再生利用具有重要意义。

全球塑料产量从 2004 年的 2.25 亿吨增加到 2015 年的 3.22 亿吨，中国、印度、巴西、印度尼西亚等发展中国家增长速度更快。我国自 2010 年起成为世界第一大塑料制品国，合成树脂年消费量接近 1 亿吨，2015 年塑料产量为 7691 万吨 [1]；2009 ~ 2020 年全球塑料产量的平均增长率约为 4%，2020 年受新冠疫情的影响，全球塑料产量约为 3.67 亿吨，比 2019 年同比减少 0.27%。全球主要的塑料消费结构为：聚乙烯（PE）消费量占比约为 30%、聚丙烯（PP）消费量占比约为 19%、聚氯乙烯（PVC）消费量占比约为 11%、聚氨酯树脂（PUR）消费量占比约为 7%、聚对苯二甲酸乙二醇酯（PET）消费量占比约为 6%、聚苯乙烯（PS）消费量占比约为 4%，这六类塑料的消费量占比约为 77%。

2014 ~ 2017 年，我国塑料制品年产量均超过 7000 万吨，2017 年达到 7515.5 万吨，其中 2017 年因样本调整，塑料制品产量较上年同比下降 2.61%，但与 2016 年相同样本企业产量对比，2017 年塑料制品产量累计值有 3.4% 的增幅；2018 年我国塑料制品产量共计 6042.1 万吨，较上年下降超过 19.6%，原因是国内环保因素严格控制再生料用量，再生料使用萎缩，中美贸易摩擦背景下，代加工减少。

2014～2018 年我国塑料制品产量如图 1 所示。

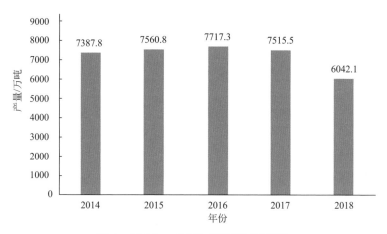

图 1　2014～2018 年塑料制品产量

2017～2018 年我国常见树脂种类的产量及应用情况见表 1。2020 年我国塑料树脂全年表观消费量为 1.09 亿吨、环比增长 1.3%，其中 PE 表观消费量为 2781.6 万吨、环比增长 11.67%，PP 表观消费量为 2338.7 万吨、环比增长 6.71%，PVC 表观消费量为 1890.2 万吨、环比增长 7.12%，PS 表观消费量为 258.9 万吨、环比增长 6.24%，苯乙烯-丙烯腈-丁二烯单体共聚物（ABS）表观消费量为 522.3 万吨、环比增长 4.50%。2016～2020 年我国塑料树脂消费量见表 2。

表 1　常见树脂及塑料的产量及应用领域

树脂种类		产量 / 万吨		应用领域
		2017 年	2018 年	
PE 树脂	LDPE	424	438	（1）薄膜制品：约占 LDPE 的 50%，包装和非包装基本各占 1/2，包装分为食品包装和非食品包装；食品包装如面包、奶制品、冷冻食品、肉禽类食品等的包装；非食品包装如工业用衬里、服装袋、购物袋、垃圾袋等；非包装用，主要为农用薄膜、地膜，建筑薄膜以及一次性尿布。 （2）挤出涂层：主要应用于包装领域，如包装牛奶、果汁等液体的纸盒涂层、铝箔涂层等。 （3）注塑：大量生活用品、玩具、文具及容器盖等。 （4）电线电缆：LDPE 的另一重要应用领域。 这 4 种应用方式占 LDPE 总量的 90% 以上

树脂种类		产量 / 万吨		应用领域
		2017 年	2018 年	
PE 树脂	HDPE	341	383	（1）吹塑制品：主要制作液体食品、牛奶、化妆品、药品及化学品包装瓶，约占吹塑制品总量的 70%，还可作食品瓶，如沙拉酱瓶等；用于包装润滑油、燃料油的桶等。 （2）注塑制品：主要有工业用容器、周转箱、桶、盆、食品容器、饮料杯、家用器皿、玩具等，这类应用领域与 PP 和 HIPS 相竞争。 （3）薄膜：主要用于食品袋、杂物和杂货袋、垃圾袋等食品和非食品包装。 （4）管材：生活用水管、农业灌溉管、煤气管道等。 （5）电线电缆绝缘层、复合薄膜、单丝、扁丝、合成纸、土工膜、衬板、卡车箱衬里等
	LLDPE	570	579	（1）薄膜：包装分为食品包装和非食品包装，食品包装如水果、新鲜蔬菜、冷冻食品、奶制品等的包装；非食品包装如工业用衬里、服装袋、日用包装袋、手提袋、运货袋、报纸邮件包装袋、购物袋、各种包装膜、土工膜、垃圾袋、一次性无纺布、一次性尿布衬里；在地膜、棚膜等也大量使用。 （2）注塑制品：比 LDPE 具有更好的刚性、韧性、耐开裂性等特点，制造容器盖、罩、瓶塞、日用品、家具器皿、工业容器、玩具、汽车零件等。 （3）片材：片材可层压到纸、织物、薄膜和其他基质上，片材也大量用于生产土工膜。 （4）挤塑制造各种管材、电线电缆等
PP 树脂		1903	2041	（1）包装：广泛应用于食品、烟草、纺织品、医疗用品、运输业的包装，如 PP 薄膜（复合膜），PP 纺织袋；注塑制品中有周转箱、货箱、贮物箱、大容器；吹塑制品有瓶、盒、罐，用于食品、清洁剂、洗发水、药品等包装；还有打包带和捆扎绳。 （2）汽车：用于汽车内、外装件及发动机机罩内部件。 （3）电器和电子：电视机外壳、电冰箱内装饰板和抽屉、洗衣机内桶和水波轮，以及空调机、收录机、吸尘器、电风扇等各种小家电的机壳及零部件；制造电器设备、绝缘板、电子计算机外壳、各种印刷电路板等。 （4）PP 无纺布：丙纶无纺布品种繁多；医疗卫生用品（尿不湿、手术衣等）；工业用土工布；汽车内饰布、地毯等。 （5）建筑：用于制造模板、饮水管、暖气管、管道阀门等。 （6）医疗领域：一次性注射器、输液管、输液瓶（袋）等。

树脂种类	产量 / 万吨		应用领域
	2017 年	2018 年	
PP 树脂	1903	2041	（7）塑胶家具、玩具、餐具等
PVC 树脂	1774	1873	建筑材料、工业制品、日用品、地板革、地板砖、人造革、管材、电线电缆、包装膜、瓶、发泡材料、密封材料、纤维等
PS 树脂	202	175	通用聚苯乙烯（GPPS）可应用于一次性餐具、玩具、包装盒等日用品，办公用品；室内外装饰品；仪器仪表外壳、灯具罩；光学零件、电讯器材；绝缘材料，如电工用电笔套、工具手套柄等
ABS 树脂	359.3		（1）汽车工业：用于制造仪表盘、刻度盘、挡泥板、内装饰板、方向盘、隔声板、扶手、加热器等。 （2）电子电器：占 ABS 总消费量的 77%，用于制造冰箱内胆、冷冻框、果盘、顶盖、拉手、定位板等；电视机外壳、后盖、接收机前屏板等；洗衣机内胆、外壳、装饰板、开关等；空调外壳、底板、过滤器支架等；其他家用电器，摄像机、录像机、微波炉、烤箱、电风扇、加湿器等壳体和零部件等；电脑、复印机、传真机、打印机、扫描仪等办公设备的机壳和零件等。 （3）机械和仪表工业：用于制造齿轮、叶轮泵、轴承、管道、电机外壳、仪表盘、仪表箱、把手、扶手、支架等。 （4）其他：制造各种规格用途的管材等；制造包装容器、乐器、文具、玩具、手提箱、自行车、体育用品等
聚酯 PET	1154	1261	（1）薄膜：感光膜 / 片材、磁带膜、包装材料；电气材料，用于制造电气绝缘材料、电线和电缆护套、电容器、光敏电阻、绝缘胶带等。 （2）PET 工程塑料：常加入 5% ~ 40% 的玻璃纤维，应用在电子电气、汽车、机械、轻工、建筑、国防及日常生活等领域。 （3）PET 片材、PET 瓶
聚酯 PBT			（1）电子电气零件：连接器、插座、插头、线圈骨架、继电器、电钮开关、电容器外壳、集成电路插座、发光管显示器、系列端子板、显像管座、保险丝盒、电刷柄、电源适配器、荧光灯座。 （2）汽车工业：汽车仪表零件、门摇把、把手，汽车门把手、尾部托手、保险杠、仪表板支架、灯罩、开关、转弯信号等；汽车、电器与机械系统：连接器、插头、电动机、照明零件等。

树脂种类		产量 / 万吨		应用领域
		2017 年	2018 年	
聚酯	PBT	1154	1261	（3）电机电工：转子、连接器、传感器、插座、变压器、保险丝盒等。 （4）电子机械：电话机零部件、声频设备用的正面、CD加载器，传动变速器零件，气量计等。 （5）其他：室内与室外照明用的反射器及外壳；各种设备外壳，如链条锯、动力工具外壳、真空吸尘器、电吹风组件、照相机零件等

表2　2016～2020年我国塑料树脂消费量

年份	2016 年 / 万吨	2017 年 / 万吨	2018 年 / 万吨	2019 年 / 万吨	2020 年 / 万吨
PE	2170.90	2345.20	2399.90	2491.00	2781.60
PP	1729.60	2009.50	2088.40	2191.70	2338.70
PVC	1610.00	1624.10	1659.30	1764.50	1890.20
PS	261.20	350.10	301.30	243.70	258.90
ABS	431.00	470.50	492.90	499.80	522.30
塑料树脂合计	9660.30	10407.30	10626.50	10791.50	10934.40
年增长/%	9.30	7.73	2.11	1.55	1.32

资料来源:《中国塑料工业年鉴》; PS 包括 EPS、HIPS 和 GPPS；PE 主要包括 LDPE、HDPE、LLDPE 等，其他类同。

塑料制品产量下降，主要影响再生料的使用，而对于新料影响不大，国内新料供应量继续增加，国内石化及各个环节新料库存并没有大量积累；随着生活水平的提高和生活方式的变化，废塑料问题日益突出，主要表现在外卖、电商、快递、日化、包装食品快速发展，大量一次性塑料包装物被废弃；传统应用领域包装、农用塑料、电子电器、交通工具、建筑材料等有增无减；塑料制品大量使用后废弃，成为污染环境的重要原因 [2]。

我国塑料再生企业数量多，废塑料再生工厂约有 15000 家，回收网点遍布各地，已形成一批较大规模的塑料再生回收交易市场和加工集散地，主要分布在广东、浙江、江苏、福建、山东、河北、河南、安徽、辽宁等塑料加工业发达省份，其中广东省南海、东莞、顺德、汕头，浙江省余姚、宁波、东阳、慈溪、台州、江苏省兴化、常州、太仓、连云港、徐州，山东省莱州、章丘、临沂，河北省文安、保定、雄县、玉田，河南省安阳、长葛、漯河，安徽省五河等地的废塑料再生回收、加工、经营市场规模大，年交易额从几亿元到几十亿元不等，呈蓬勃发展之势；全国各大中心城市周边也有大量类似的加工、交易聚集地，分布较广且参与人数庞大，但国内从事废塑料回收及加工的企业仍以个体企业为主 [2]。

我国在家电、建材、包装、日用品等规模化生产行业中，废塑料的再生使用量占塑料总使用量的约 40%；在以中小企业为主的很多塑料制品生产中，黑色塑料部件掺加使用再生塑料颗粒的比例接近 90%。废塑料再生利用牵涉面广，其回收利用的好坏反映了固体废物管理和处理处置技术水平的高低。近些年来，工业发达国家城市固体废物（MSW）中废塑料重量占比逐年增长，有的国家已超过 10%，废塑料体积占比则达到 30% 左右。塑料在包装材料中使用广泛，具有快速报废的特点，使得塑料以更快的速度进入回收再生或无害化处置环节；在全球范围 MSW 的总量中，有 1/3 ～ 1/2 的量为包装废物，如美国包装废物占 29.3%，非包装废物占 70.7%，其中废塑料分别为 4.1% 和 5.5%；日本包装废物约占 40%，欧盟各国占 40% ～ 70%，我国占 30% ～ 40%；据不完全统计，世界塑料包装废物每年高达 5000 万吨以上 [1]。2017 年美国废塑料产生量约为 98.7kg/ 人；1980 年美国废塑料产生量为 27.3kg/ 人，1990 年增加到 62.2kg/ 人，2000 年增加到 82.3kg/ 人，2010 年增加到 92.2kg/ 人，2010 年以后进入缓慢增加状态。美国废塑料回收比例不足 10%，2000 年废塑料回收比例为 5.8%，2016年增长到 9.3%，2017 年由于废塑料出口受阻这一比例下降到 8.4%；图 2 是美国 1980 ～ 2017 年塑料回收利用率，三十多年间呈现增长态势，2010 年后呈现相对较高平稳趋势，总体维持在 9% 左右 [3]。

我国塑料行业保持了稳定发展态势，产销量都位居全球首位，塑料制品产量约占世界总产量的 20% [4]。

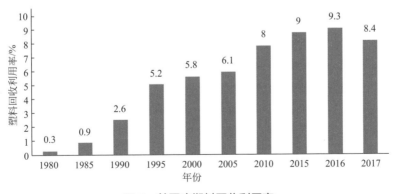

图 2　美国废塑料回收利用率

（2）我国废塑料回收情况

从我国部分城市的统计数据看，废塑料一般占到城市生活垃圾重量的10%～20%，其中北京为13.1%、上海为13.8%、深圳为21.7%、成都为14.9%。有关废塑料行业协会根据我国塑料制品的消费量测算废塑料产生量每年在4000万吨左右，2010～2014年我国废塑料估算产量如表3所列，我国国内废塑料的回收再生利用率在20%～25%之间，与欧洲废塑料再生利用率基本相当[1]。

表3　2010～2014年我国废塑料产量测算表

年份	消费量/万吨	再生量/万吨	废弃量/万吨
2010	4693	1200	—
2011	5229.5	1350	2871
2012	5467	1600	3413
2013	6188.7	1366	3292
2014	7387.8	2000	4028

我国废塑料回收状况如图3所示，2017年废塑料回收量仅为1693万吨，较2016年的1878万吨下降了185万吨，降幅为9.9%。生活源的废塑料作为我国废塑料回收的主要来源，回收率有所下降，边角料、下脚料等工业来源废塑料可实现很高的回收水平，回收率可达90%。目前，废塑料交易场所已遍布全国，广东、浙江、江苏、山东、河北、辽宁等塑料加工业相对发达的省份形成了一批规模较大的废塑料回收交易集散地和加工聚集区[5]。

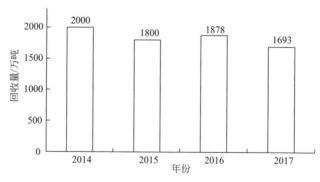

图3　2014～2017年我国废塑料回收量

通过近30年的发展，我国废塑料行业产业聚集度提高，企业朝规模化方向发展，规模企业多建设了废水和废气处理设施。东部沿海地区企业产能规模快速增长，聚对苯二甲酸乙二醇酯（PET）再生瓶片类企业和涉及破碎清洗分

塑料物品固体废物
特征分析与属性鉴别

选工序企业年产能普遍超过 3 万吨，规模企业的年产能突破了 5 万吨；不涉及产生废水的再生造粒类企业的年产能普遍超过了 0.5 万吨，规模企业的年产能突破了 2 万吨；中西部地区的企业产能也稳步提升，PET 再生瓶片类企业和涉及破碎清洗分选工序企业的年产能普遍接近 2 万吨；不涉及产生废水的再生造粒类企业的年产能普遍超过了 0.2 万吨。就过去进口废塑料利用企业而言，东部地区企业基本都从事进口废塑料再生加工业务，而中西部地区企业主要从事国内废塑料再生加工业务，前者企业规模普遍高于后者企业规模，见表 4[1]。

表 4　废塑料综合利用企业产能与作业场地面积统计

企业类型	PET 再生瓶片企业		破碎清洗分选企业		再生造粒企业	
指标	年产能 /t	场地面积 /m²	年产能 /t	场地面积 /m²	年产能 /t	场地面积 /m²
东部地区企业	50000	4000	50000	5000	20000	4000
	30000	2500	40000	4000	15000	3000
	20000	2500	20000	2500	5000 ~ 8000	2500
中西部地区企业		2500		2500	5000	2500
	10000	2000	10000	2000	2000 ~ 3000	2000

废塑料再生利用行业是社会生产生活重要的代谢系统，以 2019 年我国塑料消费量 6800 万吨为基础，2019 年我国废塑料产生量约 3900 万吨，废塑料回收量约为 1890 万吨，进入生活垃圾焚烧厂和填埋场处理的分别约为 2000 万吨 [3]，给我国环境污染的防治增加了难度，产生了二次污染等不利影响。我国废塑料处理处置方式见表 5。

表 5　2019 年我国废塑料再生行业处理方式

处置方式	填埋	焚烧发电	丢弃	回收再生
数量 / 万吨	2016	1953	441	1890
百分占比 /%	32	31	7	30

根据中国物资再生协会再生塑料分会统计数据 [6]，2020 年我国废塑料回收量 1600 万吨，较 2019 年 1890 万吨下降 290 万吨，同比下降 15%。根据 2020 年行业废塑料回收量的统计和测算，电子电器废塑料回收量 145 万吨，占比达 9%；汽车废塑料回收量 90 万吨，占比 6%；废聚酯（PET）回收总量 510 万吨，其中废 PET 瓶 380 万吨，占比 24%，其他废弃 PET 为 130 万吨，占比 8%；农膜回收 70 万吨，占比 4%；快递包装废塑料 50 万吨，占比 3%；废弃包装膜（不含快递包装）回收量 300 万吨，占比 19%；未被污染的输液瓶（袋）废塑料 30 万吨，占比 2%；其他来源的废塑料回收量为 405 万吨，占比 25%，如图 4 所示。

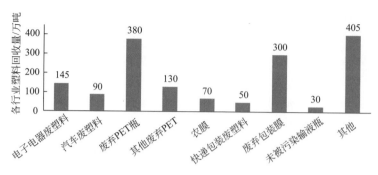

图4 2020年我国各行业废塑料回收量

2020年受新冠病毒疫情等多方面因素影响，我国废塑料回收中各品种回收量降幅达10%～20%。其中废聚酯（PET）回收量510万吨、废聚乙烯（PE）回收量330万吨、废聚丙烯（PP）回收量310万吨、废苯乙烯-丙烯腈-丁二烯单体共聚物（ABS）回收量95万吨、废聚苯乙烯（PS）回收量65万吨、废聚氯乙烯（PVC）回收量130万吨、废尼龙（PA）回收量47万吨、废聚碳酸酯（PC）回收量43万吨，如图5所示。2020年我国废塑料主要品种回收量占比中，废PET占比32%，废PE占比21%，废PP占比19%。

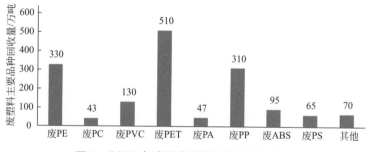

图5 2020年我国废塑料主要品种回收量

从回收量区域分布来看，广东省以地理位置优势及较高的回收意识在国内废塑料回收中发挥较大作用，其回收量排名居全国首位，占比17%；其次是山东省、河北省等人口密集区域及废塑料加工集中区域，占比分别为14%和13%；江苏省、浙江省占比均为11%。近几年来，河南省、安徽省、湖北省等回收情况明显提升，其中，河南省、安徽省回收占比分别在9%和7%。

目前，我国还没有建立废塑料回收利用率统一的计算方法，大多采用废塑料回收量除以塑料消费量来表示废塑料回收利用率，而国际上废塑料回收利用率的计算方法是用废塑料回收量除以废塑料产生量，因为在塑料消费中占有较大比例的使用寿命长的塑料制品如工程塑料不会在短时间内转变为废物。如果按照国际通行的废塑料回收利用率计算方法，我国废塑料回收率将由 25% 左右增至 50% 左右；由于统计口径不一致，我国废塑料回收利用水平被严重低估。欧洲塑料制造商协会不仅把废塑料材料回收利用统计为回收利用，而且把进入带有余热利用垃圾焚烧设施的废塑料也作为回收利用统计。我国废塑料回收率计算结果和德国废塑料回收利用率分别如图 6 和图 7 所示[3]。

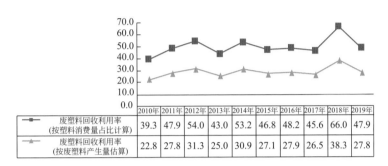

	2010年	2011年	2012年	2013年	2014年	2015年	2016年	2017年	2018年	2019年
废塑料回收利用率（按塑料消费量占比计算）	39.3	47.9	54.0	43.0	53.2	46.8	48.2	45.6	66.0	47.9
废塑料回收利用率（按废塑料产生量估算）	22.8	27.8	31.3	25.0	30.9	27.1	27.9	26.5	38.3	27.8

图 6　我国废塑料回收利用率（单位：%）

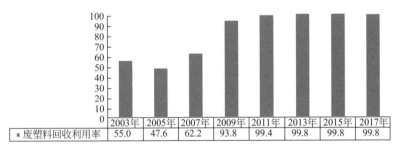

	2003年	2005年	2007年	2009年	2011年	2013年	2015年	2017年
废塑料回收利用率	55.0	47.6	62.2	93.8	99.4	99.8	99.8	99.8

图 7　2003～2017 年德国废塑料回收利用率（单位：%）

　　总之，2013 年以来，废塑料国内回收量虽有波动，但总体基本平稳，而进口数量显著下降。这种情况固然是由于受到国际经济形势变化与石油价格下跌的影响，但同时也标志着行业从"十一五"开始的为期 10 年的快速发展期已结束。2020 年是我国废塑料再生行业面临严峻挑战的一年，原油下跌，新料和废塑料再生料价格相差逐渐缩小，废塑料再生行业几乎无利润可言。其次，全球受疫情影响废塑料回收明显减少，我国再生废塑料行业也进入优胜劣汰的阶段。

2　废塑料回收利用技术

　　有关废塑料回收利用方面的文献资料很多，这里主要参考赵娟的综述文章[7]

和其他文献资料。废塑料的处理成为各国努力的方向，其回收利用要从源头和末端共同着力，在源头对塑料生产者加强引导和控制，让他们在生产过程中能考虑到塑料的回收和利用，在回收末端搭建"互联网＋回收"的平台，完善和提升废塑料回收体系。麦肯锡咨询公司的一篇研究报告指出，到2030年全球范围内得到回收利用的塑料可能达到50%，能带来巨大的经济效益；还指出2016～2030年石化和塑料领域利润增长的2/3来自废塑料的回收利用，可达到600亿美元。下面主要介绍废塑料的来源分类、加工处理设备以及回收利用技术等概况，其中回收方法包括分选方法、物理回收和化学回收。

（1）废塑料分类和加工处理设备[8]

1）废塑料来源分类

废塑料来源主要是依据塑料制品成分进行分类。塑料材料可分为如聚乙烯（PE）、聚丙烯（PP）、聚氯乙烯（PVC）、聚苯乙烯（PS）、丙烯腈-丁二烯-苯乙烯塑料（ABS）五大通用树脂，以及聚对苯二甲酸乙二醇酯（瓶料，PET）、聚碳酸酯（PC）、尼龙（PA）、聚对苯二甲酸丁二醇酯（PBT）、聚甲醛（POM）、有机玻璃（PMMA）等。

① PE是以乙烯为单体，经多种工艺方法生产的一类具有多种结构和性能的通用热塑性树脂，是目前世界合成树脂工业中产量最大、应用最广的品种。根据密度和生产工艺不同，PE可以分为4个品种，分别是高密度聚乙烯（HDPE）、低密度聚乙烯（LDPE）、线性低密度聚乙烯（LLDPE）和超高分子量聚乙烯（UHMWPE）。HDPE废料主要来源为购物袋、冰袋、牛奶瓶、果汁瓶、洗发水、化学和洗涤剂瓶、水桶等，再生料可用于制造回收箱、堆肥桶、水桶、洗涤剂瓶等产品；LDPE主要来源为包装膜、垃圾袋、挤压瓶、灌溉管、地膜等。

② PP是以丙烯为单体，经多种工艺方法生产的一种通用型热塑性树脂。PP性能优异、用途广泛，成为发展最快的通用树脂品种之一。PP废料主要来源为桶罐壶、片袋、吸管、微波餐具、室外家具、饭盒、包装胶带等，再生料可用于制造挂钩、垃圾箱、管道、托盘、漏斗和汽车电池箱等产品。

③ PVC是以氯乙烯（VCM）为单体，经多种聚合方式生产的热塑性树脂，是五大热塑性通用树脂中较早实现工业化生产的品种，其产量仅次于PE，位居第二位。PVC废料主要来源为化妆品容器、电器、管道、水暖管道和装置、透明包装、墙涂层、屋顶板、鞋底、电缆护套等，再生料可用于制造地板、胶片和薄板、电缆、警告牌、包装、黏结剂、草皮和草席等产品。

④ PS是以苯乙烯为单体均聚或与其他单体共聚而得到一系列热塑性树脂，是五大通用合成树脂之一，是通用树脂中较早实现工业化生产的品种。PS废料

主要来源为仿制水晶玻璃器皿、低成本玩具、录像带、CD 盒、塑料餐具等，再生料可用于制造衣架、杯垫、文具盒和附件等产品。发泡聚苯乙烯（PS-E）主要来源为发泡热饮纸杯、快餐包装箱、食品托盘、易碎商品保护罩等。

⑤ PET 和 PBT。PET 最初是用作制备纤维的原料，即俗称的涤纶纤维；PBT 具有优良的力学、电气、耐化学腐蚀、易成型和低吸湿性等，是一种综合性能优良的工程塑料。PET 瓶废料，主要来源为常见的软饮料和矿泉水瓶等，再生料可用于床上用品、服装、软饮料瓶、地毯等产品。

⑥ ABS 是苯乙烯系列三元共聚物，是由丙烯腈（Acrylonitrile）、丁二烯（Butadiene）、苯乙烯（Styrene）单体接枝共聚而成的一种热塑性塑料。性能优异、应用广泛、发展迅速。ABS 具有优良的综合物理和机械性能，极好的低温抗冲击性能；尺寸稳定性；电性能、耐磨性、抗化学药品性、染色性、成品和机械加工较好；ABS 树脂耐水、无机盐、碱和酸类，不溶于大部分醇类和烃类溶剂，而容易溶于醛、酮、酯和某些氯代烃中；ABS 树脂热变形温度低可燃，耐候性较差。

⑦ SAN 塑胶是丙烯腈 - 苯乙烯共聚物，在仪表和汽车工业中用做机械零部件、油箱、车灯罩、仪表透镜、各种开关按钮等，蓄电池外壳、电视机、收录机旋钮和标尺，电池盒、池带盒、接线盒、电话和其他家用电器零部件，空调机、照相机零件，电扇叶片等。

⑧ 聚碳酸酯（PC）是一种强韧性的热塑性树脂，可由双酚 A 和氧氯化碳（$COCl_2$）合成。现较多使用的方法为熔融酯交换法（双酚 A 和碳酸二苯酯通过酯交换和缩聚反应合成）。PC 工程塑料的三大应用领域是玻璃装配业、汽车工业和电子、电器工业，其次还有工业机械零件、光盘、包装、计算机等办公室设备、医疗及保健、薄膜、休闲和防护器材等。PC 可用作门窗玻璃，PC 层压板广泛用于银行、使馆、拘留所和公共场所的防护窗，用于飞机舱罩，照明设备、工业安全挡板和防弹玻璃。PC 板可做各种标牌，如汽油泵表盘、汽车仪表板、货栈及露天商业标牌、点式滑动指示器等。

⑨ 聚酰胺（PA）是一类分子主链上含有重复酰胺基团的聚合物的总称，商品名为尼龙，是工程塑料的主要品种之一。PA 品种多至几十种，有 PA6、PA66、PA11、PA12、PA46、PA610、PA612、PA1010 等，应用范围广，如电器电子工业方面可用于制造电饭锅、电动吸尘器、高频电子食品加热器，电器产品的接线柱、开关和电阻器等；疗器械仪器方面，可用于医用输血管、取血器、输液器等；还可用于制作一次性打火机体，摩托车驾驶员的头盔，办公机器外壳，办公用椅的角轮、座和靠背，冰鞋、钓鱼线等。

2）废塑料加工处理设备

根据废塑料加工处理的工艺，可将废塑料加工处理设备分为前处理设备、分离分选设备和再加工设备。其中分离分选技术与设备是废塑料回收技术发展的关键，决定着回收的效果和经济效益。

① 前处理设备。主要有破碎机，清洗烘干设备。

② 分离分选设备。有风力摇床分选、静电分选、光选机分选、离心分选机等。

③ 加工设备。对于直接再生和物理改性再生的废塑料，其加工设备与塑料加工设备类似，主要有单螺杆、双螺杆、星形螺杆等多种挤出机以及多种混炼机等。对于化学再生和能源化回收的废塑料，其加工设备复杂一些，设备投资大、成本高。

（2）废塑料的分选方法

废塑料大多是以混合状态存在，直接循环利用难以达到提高再生产品附加值的目的。因此，利用前需要将混合塑料进行分类，包括人工（手工）分选、密度分选、风力分选、电选、光选等。

1）人工（手工）分选

人工分选法是常用的方法，利用操作人员的识别经验或借助简单的仪器，将非塑料杂物以及油污、变质制品挑出，再对塑料制品进行分类处理。人工分选的效果有时是机器难以替代的，但存在效率低、劳动强度大的缺点。

2）密度分选

根据密度的差异对废塑料进行分离的技术，实际操作中通过添加表面活性剂对废塑料进行预处理，使其充分湿润可以提高分选效率。水作为介质，可将密度 > 1.0g/cm^3 的材料与密度 < 1.0g/cm^3 的轻组分分离。因此，还需要使用饱和食盐水、乙醇溶液等其他介质，根据塑料在介质中的浮沉情况分离废塑料。密度分选是一种相对简单、成本较低的方法，但是该方法会产生大量废水，对于密度相近的混合塑料也很难分离。

3）风力分选

根据不同颗粒在空气流中因形状、粒径、密度等差异导致风力大小和飘移的距离不同对废塑料进行分选。风力分选是在分选装置内喷射经过破碎的塑料，风从横向或逆向吹入，利用不同塑料对气流的阻力与自身重力的合力差异进行分选。按气流送入方向的不同，风力分选设备可分为水平式和垂直式两种类型。风力分选是目前使用最广泛的混合废塑料分离方法。

4）电选

根据不同的电性能来分离不同材料的方法，包括静电分选和摩擦带电分选。当材料相互摩擦时，两种塑料会产生相反的电荷，根据在电选设备中不同的轨迹将不同塑料分离开，也可用于去除其中混杂的铁磁性金属杂质。电选设备适用于具有磁性差异物质的分离，电选机种类繁多，按照工作主体部分构造的不同，可以分为筒式机、辊式机、盘式机、环式机等；其中，筒式磁选机是目前最通用的磁选机之一。洗涤和干燥程序的高成本限制了静电分选在批量处理中的应用。

5）光选

通过不同的光介质对废塑料进行扫描，利用不同种类的塑料具有不同的光谱性能快速、准确地鉴别出塑料种类。光学分选方法主要有近红外光谱分选（NIR）、中红外光谱分选（MIR）、X 射线分选（XRT/XRF）、激光光谱分选（LIBS）等。其中 NIR 是废旧塑料分选领域中使用最广泛和最具规模的光学分选方法，这是因为该方法具有光谱分析信号获取容易和信息量丰富、谱区自身具有的谱带重叠、吸收强度较低等特点，适用于大多数塑料的识别，而且快捷、可靠、灵敏度高。但缺点是无法识别深色的塑料。因此，常在废旧塑料的分选过程中联合其他分选方法使用以提升分选效果。

常见的干法分选技术和湿法分选技术如表 6 所列[4]。

表6 废旧塑料典型分选技术

分选技术	简介	特点
人工（手工）分选	根据不同塑料的标记、密度、外形、颜色和常见用途等特征，直接采用人工辨识手段对废塑料进行手工分选的方法	在国内占据较大的比例，分选效率低，分选不准确，工作环境较为恶劣，影响工人健康。常用于分选 PE、PS、PET、PVC 等
近红外光谱分选	利用各种塑料在近红外光谱中的吸收峰的差别进行分选的方法	分选精度和效率高，设备造价高，对废塑料进料体积大小有要求。可识别并分选 PET、PE、PVC、PS 等
静电分选	利用各种塑料在摩擦起电后不同的静电性能来进行分选的方法	可分选密度相似的混合塑料，分选过程易受湿度影响。常用于分选带极性的塑料，如 PVC、PC、PS 等
颜色分选	利用分色机对废塑料按颜色的差异进行分选的方法	分选快速、准确，可分选多种颜色的塑料。常用于分选 PET 塑料瓶
气流分选	利用塑料的比表面积和堆积密度在流动空气中运行轨迹的差异继续分选的方法	适用于密度差异较大的塑料的分选，对塑料粒度要求高，分选效率和处理能力较低。可用于分选 PE、PS 等
密度分选	利用塑料的密度差异进行分选的方法	技术原理简单，运行成本低，不能分选密度差异较小的混合塑料。常用于分选 PET、HDPE、PP 等
浮选	利用不同类别塑料表面活性化学性质差异进行分选的方法	可分离密度和电荷性质相差较小的混合塑料，如 PET/PVC、PS/ABS 等

（3）物理回收

物理回收是通过机械转化（不包括化学反应）对废塑料进行再利用加工来实现循环利用废塑料的方法。物理回收技术有其局限性，热敏塑料、复合材料和不能在高温下流动的塑料（如热固性塑料）不能进行物理回收。实际只有两种类型的塑料通过物理回收实现了回收和再循环：聚对苯二甲酸乙二醇酯（PET）和聚乙烯（PE），其分别占年生产量的 9% 和 37%。物理回收的再生塑料具有与原始塑料相似的性质，但是，当塑料混合物的组成非常复杂时，再生塑料的使用性能会受到影响。例如，当 HDPE 被 PP 污染时，HDPE 的脆性会增加，PET 与 PVC 混合后也会变黄变脆。

物理回收可以分为直接再生和改性再生。

1）直接再生

直接再生法主要步骤是通过清洗去除残留物，然后是废塑料的粉碎、熔化和重塑，通常与同类型的合成塑料新料混合，以生产出具有合适制造性能的循环再生材料，但是在此过程中必须要解决再生材料色泽差、异味和劣化等问题。我国从 20 世纪 70 年代开始使用这项技术。但是直接再生技术一直存在技术水平不高、生产出的再生料品级不高等问题。PureCycleTechnologics 公司通过宝洁公司（P&G）研发的专有塑料回收技术，成功地将废旧地毯转化为超纯再生 PP 树脂，PureCycle 工艺能去除废塑料的颜色、气味和杂质，产生类似原生合成的树脂。回收后的 PP 重新应用于包括食品和饮料包装，消费品包装，汽车内饰，电子产品，家居用品和许多其他产品中。

2）改性再生

改性再生法针对各种类型的废塑料，选择不同添加剂（无机物或有机聚合物）与其共混形成共混体系，以提高再生塑料的熔点、拉伸强度、冲击强度等物理性质。通过合理的改性再生技术将废塑料再生为需求大的建筑材料，实现资源的可持续循环利用。Thorneycroft 等将不同尺寸的 HDPE 塑料加入混凝土中作为细骨料的替代物，代替砂石生产混凝土。

AI-Hadithi 分别评估了废 PET 在自密实混凝土和轻质混凝土中的效果，得出的结论是废塑料可以用于生产低强度建筑组件，例如路障、人行道、混凝土路缘石。日本大成建设公司成功将废聚苯乙烯（PS）泡沫塑料改性再生成低成本吸声材料。废 PS 塑料经粉碎、远红外线照射加热，再与特殊的水泥相混合，被改性成建筑材料，这种材料的吸声效果平均为 60%，对某些频率的噪声吸收甚至可以达到 90% 以上。这种改性材料的制造成本只有之前吸声材料的大约 80%，搬运轻便，具有良好的耐久性和耐水性。可用作发电站隔声设施的墙壁和天花板，以及高速公路的隔声墙等室外隔声材料。

3）废塑料造粒

无论是直接再生还是改性再生方法，废塑料加工中最常见的是造粒，然后再制成各种塑料制品。再生塑料颗粒是指以废塑料为原料，经筛选、分类、清洗、挤出熔融造粒等工艺（包含拉条、热切、水切等造粒工艺）制成的再生塑料原料。

① 无熔造粒工艺。通过清洗、筛选等预处理对废塑料进行除杂，去除废塑料中混有的金属等杂质，然后对废塑料进行粉碎，经气动系统送至压缩机进行压缩和搓捻，生成条状物，冷却后粉碎成塑料颗粒。无熔造粒工艺不使用外在热源，再生处理温度比塑料软化点低，可有效地防止废塑料出现降解现象，且可以对压缩时间进行精准掌控。但无熔造粒不能精确控制再生颗粒大小，可能会产生粉料导致造粒效率降低。

无熔造粒工艺流程示意如图8所示[9]。

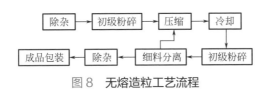

图8　无熔造粒工艺流程

② 湿法造粒工艺。对回收的废塑料进行破碎、清洗及烘干处理，再通过熔融挤出拉丝和切粒完成造粒。通常情况下，回收的废塑料会含有油污、泥沙等杂质，为保证再生塑料颗粒的品质，可适当增加破碎和清洗的次数，只有干净、基本无杂质的原料才可造粒。废塑料的收集、分选等预处理需要人工完成，而破碎、清洗等需要机器完成，整个过程需要人工和设备协同完成。

湿法造粒工艺流程示意如图9所示[9]。

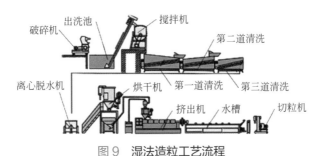

图9　湿法造粒工艺流程

③ 干法造粒工艺。干法造粒也是先对废塑料进行破碎、除杂，然后进行热熔融和拉丝切粒。该法与湿法造粒的区别是没有清洗和烘干环节，但增加了分离除杂这一环节，包括浮沉分离、电选分离、浮选分离及红外光谱分离等，

且在一定程度上节省了水资源。除杂的程度决定再生颗粒质量的关键，必须安装专门的除杂设备，因此导致干法造粒工艺会增加一定的生产成本。

（4）化学回收

化学回收是通过热裂解或化学分解等技术，将废旧塑料中的有机成分转化成小分子烃（如气体、液态油或固体蜡）等石油化工原料。化学回收具有如下优势：

① 能回收利用物理回收无法处理的被高度污染的塑料垃圾；

② 在处理过程中可以去除不需要的杂质；

③ 能将废塑料转化为化工制造所需的原料等。

1）热裂解法

热裂解法指在无氧或缺氧的环境中，通过高温加热使聚合物的大分子结构断裂，形成较小的分子，生成单体或低分子化合物，可以是气体、液体和固体残留。由于塑料的材质不同，得到的热解气体和油液比例也不一样。该方法对于难以物理回收的废塑料十分重要，如 PE/PP/PS 共混物、多层包装膜和纤维增强复合材料。不同于物理回收，热裂解法可以处理严重污染以及不均匀的废塑料，从而增加了原料的灵活性。催化裂解是在热裂解体系中加入合适的催化剂，降低反应温度，提高产油率和选择性。加氢裂化是指在裂化过程中加入氢，从而提高产品质量。如果是在定量氧存在的状态下对废塑料进行热解，则称为气化。可以根据工艺参数的选择来优化产品的成品率。影响最终产品的参数有温度、压力、停留时间、催化剂的引入和升温速率。在许多情况下，热解油液是理想的产品，因为它具有相对高的热值和许多潜在的应用，但通常需要精制处理后才能使用。

热裂解法的一个关键问题是反应的复杂性，特别是在处理混合物料时不同的聚合物根据其主要的分解途径产生完全不同的组分，某些杂质的存在可能极大地降低产品的附加值，如含氧化合物的存在会导致甲醇和甲醛的形成。

2）化学分解法

化学分解法是指采用某种介质与塑料发生化学分解将聚合物解聚为最初的单体或齐聚物（低聚物）的方法，最终转化成化工原料。化学分解法开辟了利用废塑料作为前体生产各种工业和商业应用的纯增值产品的新途径。如 PET 可以通过水解、醇解、糖酵解、胺解等方式解聚成对苯二甲酸、对苯二甲酸二甲酯、对苯二甲酸双羟乙酯和乙二醇。聚氨酯（PU）可以在水中水解为多元醇和二胺。Nagase 发现在 269℃的温度下 PU 的分解率几乎可达到 100%，多元醇和二胺几乎完全回收。当温度高于 329℃时，回收效率降低。由于饱和 C—C 键的无规断裂，以聚烯烃为代表的乙烯基聚合物很难通过简单的化学分解法分解成单体。由澳大利亚 Licella 公司开发的催化水热反应堆（Cat-HTR）技术，在超临界条件下使用水将各种塑料分解成其原始组分分子，包括 PP、低密度聚乙烯（LDPE）等。然后重新排列这些分子以生产新的化学品和再生油，这些油可以替代化石原料生产新塑料并为化学部门提供原料。因为原材料成本、设备投资和操作成本的投入，化学分解聚合物得到的产品可能比原始材料更贵。

（5）我国废塑料综合利用行业规范条件

《废塑料综合利用行业规范条件》（工信部 2015 年公告第 81 号）主要要求如下。

1）规模要求

① PET 再生瓶片企业：新建企业年废塑料处理能力不低于 3 万吨；已建企业年废塑料处理能力不低于 2 万吨。

② 废塑料破碎、清洗、分选类企业：新建企业年废塑料处理能力不低于 3 万吨；已建企业年废塑料处理能力不低于 2 万吨。

③ 塑料再生造粒类企业：新建企业年废塑料处理能力不低于 5000t；已建企业年废塑料处理能力不低于 3000t。

2）工艺与装备要求

新建及改造、扩建废塑料综合利用企业应采用先进技术、工艺和装备，提高废塑料再生加工过程的自动化水平。

① PET 再生瓶片类企业。应实现自动进料、自动包装与加工过程的自动控制。其中，破碎工序应采用具有减振与降噪功能的密闭破碎设备；湿法破碎、脱标、清洗等工序应实现洗涤流程自动控制和清洗液循环利用，降低耗水量与耗药量；应使用低发泡、低残留、易处理的清洗药剂。

② 废塑料破碎、清洗、分选类企业。应采用自动化处理设备和设施。其中，破碎工序应采用具有减振与降噪功能的密闭破碎设备；清洗工序应实现自动控制和清洗液循环利用，降低耗水量与耗药量；应使用低发泡、低残留、易处理的清洗药剂；分选工序鼓励采用自动化分选设备。

③ 塑料再生造粒类企业。应具有与加工利用能力相适应的预处理设备和造粒设备。其中，造粒设备应具有强制排气系统，通过集气装置实现废气的集中处理；废过滤网应按照环境保护有关规定处理，禁止露天焚烧废物。

④ 鼓励废塑料综合利用企业研发和使用生产效率高、工艺技术先进、能耗物耗低的加工生产系统。

3）资源综合利用及能耗

① 企业应对收集的废塑料进行充分利用，提高资源回收利用效率，不得倾倒、焚烧与填埋。

② 塑料再生加工相关生产环节的综合电耗低于 500kW·h/t 废塑料。

③ PET 再生瓶片企业与废塑料破碎、清洗、分选类企业的综合新水消耗低于 1.5t/t 废塑料。塑料再生造粒类企业的综合新水消耗低于 0.2t/t 废塑料。

4）环境保护

① 废塑料综合利用企业应严格执行《环境影响评价法》，按照环境保护主管部门的相关规定报批环境影响评价文件。按照环境保护"三同时"的要求建设配套的环境保护设施，编制环境风险应急预案，并依法申请项目竣工环境保护验收。

② 企业加工贮存场地应建有围墙，在园区内的企业可为单独厂房，地面全部硬化且无明显破损现象。

③ 企业必须配备废塑料分类存放场所。原料、产品、本企业不能利用废塑料及不可利用废物贮存在具有防雨、防风、防渗等功能的厂房或加盖雨棚的专门贮存场地内，无露天堆放现象。企业厂区管网建设应达到"雨污分流"要求。

④ 企业对收集的废塑料中的金属、橡胶、纤维、渣土、油脂、添加物等夹杂物，应采取相应的处理措施。如企业不具备处理条件，应委托其他具有处理能力的企业处理，不得擅自丢弃、倾倒、焚烧与填埋。

⑤ 企业应具有与加工利用能力相适应的废水处理设施，中水回用率必须符合环评文件的有关要求。需要外排的废水，必须经处理后达标排放。

⑥ 企业应采用高效节能环保的污泥处理工艺，或交由具有处理资格的废物处理机构，实现污泥无害化处理。

⑦ 除具有获批建设、验收合格的专业盐卤废水处理设施，禁止使用盐卤分选工艺。

⑧ 再生加工过程中产生废气、粉尘的加工车间应设置废气、粉尘收集处理设施，通过净化处理后达标排放。

⑨ 对于加工过程中噪声污染大的设备，必须采取降噪和隔声措施，企业噪声应达到《工业企业厂界环境噪声排放标准》的要求。

3 我国废塑料进口状况

（1）2017 年我国固体废物进口总体情况

我国曾经是固体废物进口最大的国家，1995 ～ 2016 年固体废物年进口量从 450 万吨增加至 4658 万吨，其中大约 15% 为废塑料。下面是 2017 年我国进口废物总体情况[10]。

1）主要进口品种及进口量

2017 年，实际进口量排前五位的废物品种分别为废纸 2569.22 万吨，占进口废物总量的 65.77%；废塑料 582.06 万吨，占 14.90%；废五金 489.72 万吨，占 12.54%；氧化皮 147.44 万吨，占 3.77%；废船 84.48 万吨，占 2.16%。

2）主要品种进口金额

2017 年，固体废物实际进口金额排前三位的品种分别是：废五金 59.61 亿美元，占进口废物申报价值总量的 38.06%；废纸 58.67 亿美元，占 37.46%；废塑料 32.54 亿美元，占 20.78%。

3）进口主要来源国（地区）

2017 年，固体废物进口量排前五位的来源国和地区分别为：美国 1258.47 万吨，占进口废物总量的 32.21%；日本 524.02 万吨，占 13.41%；中国香港 417.41 万吨，占 10.68%；英国 321.02 万吨，占 8.22%；加拿大 160.88 万吨，占 4.12%。

（2）我国进口废塑料的来源基本情况

根据《进口可用作原料的固体废物环境保护控制标准　废塑料》（GB 16487.12），进口废塑料为在塑料生产及塑料制品加工过程中产生的热塑性下脚料、边角料和残次品。进口废塑料主要包含 5 个商品编号，即乙烯聚合物的废碎料及下脚料（海关商品编号 3915100000）、苯乙烯聚合物的废碎料及下脚料（海关商品编号 3915200000）、氯乙烯聚合物的废碎料及下脚料（海关商品编号 3915300000）、聚对苯二甲酸乙二醇酯废碎料及下脚料（海关商品编号 3915901000）、其他塑料的废碎料及下脚料（海关商品编号 3915909000）。

自 1992 年我国开始进口废塑料以来，废塑料进口总量约 11234.8 万吨，进口量从 30.65 万吨逐年增至 2012 年的 887 万吨；2012 年和 2013 年海关总署相继开展以打击固体废物非法入境为目的"国门之盾"行动和"绿篱"行动，使废塑料进口数量有所下降；随着《关于禁止洋垃圾入境推进固体废物进口管理制度改革实施方案》的逐步落实，2017 年进口废塑料 583 万吨，比上一年下降了接近 21%，而 2018 年更是下降至 5 万吨 [11]。2018 年 12 月 31 日起，我国禁止废塑料进口，不再审批废塑料进口。2007 ～ 2018 年我国废塑料进口量见图 10，从图中看出 2018 年呈现断崖式下降，是从允许进口到禁止进口的转折年份。

我国废塑料进口量排名前 20 的来源国家和地区，在 1992 ～ 2017 年间贡献了总量超过 10315 万吨的废塑料，占我国进口废塑料总量的 91.8%，总贸易额高达 550 多亿美元，占总贸易额的 90.87%。这 20 个国家和地区中，中国香港特别行政区为 2789.37 万吨，占进口量的 24.8%；中国澳门特别行政区排在第 17 位，约占进口量的 1.4%。由于中国香港特别行政区和澳门特别行政区的废塑料主要是转口贸易，其废塑料也主要来自其他国家尤其是发达国家。除去

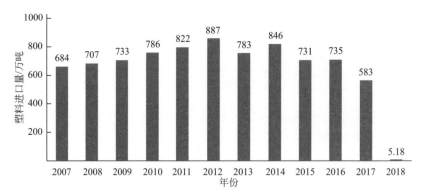

图10 我国废塑料进口量

我国两个特别行政区，剩余 18 个国家中，12 个是发达国家；剩下的 6 个国家和地区，除墨西哥外均为亚洲国家，分别是泰国、菲律宾、马来西亚、印度尼西亚等。除了中国香港特别行政区，向我国出口量排前三位的依次为美国、日本、德国，分别为 1192.65 万吨、1146.77 万吨、795.44 万吨，分别占我国进口总量的 10.62%、10.21% 和 7.08%。由此可见，进口废塑料主要来自发达国家和我国周边国家或地区，见表 7[11]。

表7 我国（内地）进口废塑料的部分主要来源国或地区（1992～2017 年）

国家或地区	进口量 / 万吨	进口量占比 /%	贸易额 / 百万美元	贸易份额 /%
美国	1192.65	10.62	5996.91	9.86
日本	1146.77	10.21	6560.00	10.79
德国	795.44	7.08	4555.24	7.49
亚洲其他国家	587.14	5.22	29966.65	4.93
泰国	448.58	3.99	2973.40	4.89
菲律宾	361.36	3.22	2171.72	3.57
澳大利亚	349.92	3.12	1725.17	2.84
比利时	341.55	3.04	1886.34	3.10
马来西亚	330.20	2.94	2123.14	3.49
加拿大	322.04	2.87	1753.93	2.88
韩国	316.95	2.82	1689.88	2.78
法国	236.69	2.11	1408.12	2.32
西班牙	209.91	1.87	1128.90	1.86
英国	174.83	1.56	1036.26	1.70
印度尼西亚	160.84	1.43	1191.25	1.96
墨西哥	148.74	1.32	871.81	1.43

塑料物品固体废物
特征分析与属性鉴别

国家或地区	进口量 / 万吨	进口量占比 /%	贸易额 / 百万美元	贸易份额 /%
荷兰	147.78	1.32	767.98	1.26
意大利	99.43	0.89	557.58	0.92
国家和地区合计	10315.06	91.85	55261.32	90.87

注：原文注明资料来源于 UN Comtrade 数据库（https：//comtrade.un.org/data/）。

（3）2017 年进口废塑料概况 [10]

由于 2018 年我国审批废塑料进口全面收紧，事实上 2017 年成为我国审批废塑料进口的末尾之年，2017 年获得许可证的进口废物加工利用企业 1365 家，其中涉及废塑料进口企业 850 家（占 62.27%），废塑料进口量 582.06 万吨，进口后主要流向广东、浙江等 15 个省市，其中进口量排名前 5 位的省市为广东（占 29.64%）、浙江（占 15.25%）、福建（占 12.92%）、江苏（占 11.83%）、河北（占 10.41%），合计占我国废塑料进口总量 80.05%。

2017 年进口废塑料来源于 116 个国家和地区，主要来自中国香港 167.15 万吨（占 28.72%）、日本 79.23 万吨（占 13.61%）、美国 56.97 万吨（占 9.79%）、德国 29.47 万吨（占 5.06%）、比利时 24.23 万吨（占 4.16%），合计占废塑料进口总量的 61.34%。

2017 年工业来源废塑料 5 个品种的进口量及占比情况见表 8。聚对苯二甲酸乙二醇酯废碎料及下脚料（商品编号 3915901000），进口量 216.45 万吨（占 37.19%）；乙烯聚合物的废碎料及下脚料（商品编号 3915100000），进口量 193.94 万吨（占 33.32%）；其他塑料的废碎料及下脚料（商品编号 3915909000），进口量 127.56 万吨（占 21.92%）；氯乙烯聚合物的废碎料及下脚料（商品编号 3915300000），进口量 30.27 万吨（占 5.20%）；苯乙烯聚合物的废碎料及下脚料（商品编号 3915200000），进口量 13.83 万吨（占 2.37%）。

表 8　2017 年废塑料各品种进口情况

废塑料商品编码	进口量 / 万吨	占进口废塑料的百分比 /%
3915901000	216.45	37.19
3915100000	193.94	33.32
3915909000	127.56	21.92
3915300000	30.27	5.20
3915200000	13.83	2.37

二、禁止进口废塑料

1 我国禁止进口废塑料法律要求及其影响

（1）我国禁止进口废塑料政策和法律要求

2017 年 4 月中央全面深化改革领导小组会议审议通过《关于禁止洋垃圾入境推进固体废物进口管理制度改革实施方案》，2017 年 7 月 18 日国务院办公厅印发了该实施方案（国办发〔2017〕70 号），提出了规范洋垃圾入境与固体废物管理的十八条要求，开启了我国禁止洋垃圾入境的严格管理。2017 年 7 月我国通知世界贸易组织要求紧急调整进口固体废物清单，于 2017 年年底前禁止进口包括生活来源废塑料等 4 类 24 种固体废物；2017 年 8 月 10 日环境保护部颁布调整的《进口废物管理目录》，第一批将生活来源废塑料（8 个海关商品编号）从《限制进口类可用作原料的固体废物目录》调入《禁止进口固体废物目录》（环境保护部、海关总署等部委发布进口废物管理目录公告，2017 年第 39 号），从 2017 年 12 月 31 起禁止进口；2018 年 4 月再次调整《进口废物管理目录》，将工业来源废塑料等 16 个品种固体废物从《限制进口类可用作原料的固体废物目录》调入《禁止进口固体废物目录》（生态环境部、海关总署等部门发布调整进口废物管理目录公告，2018 年第 6 号），从 2018 年 12 月 31 日起禁止进口。至此，废塑料全部禁止进口。

2018 年 6 月 16 日发布的《中共中央国务院关于全面加强生态环境保护 坚决打好污染防治攻坚战的意见》明确提出力争 2020 年年底前基本实现固体废物零进口。2020 年 4 月 29 日全国人大常委会通过了新修订的《固体废物污染环境防治法》，其中第 14 条规定"国务院生态环境主管部门应当会同国务院有关部门根据国家环境质量标准和国家经济、技术条件，制定固体废物鉴别标准、鉴别程序和国家固体废物污染环境防治技术标准"；第 24 条规定"国家逐步实现固体废物零进口，由国务院生态环境主管部门会同国务院商务、发展改革、海关等主管部门组织实施"；第 25 条规定"海关发现进口货物疑似固体废物的，可以委托专业机构开展属性鉴别，并根据鉴别结论依法管理"。2020 年 11 月 15 日，生态环境部等部门发布《关于全面禁止进口固体废物有关事项的公告》，自 2021 年 1 月 1 日起，禁止以任何方式进口固体废物，禁止我国境外的固体废物进境倾倒、堆放、处置。

（2）我国禁止进口废塑料产生的影响

1）国内相关部门进一步加强对国内废塑料的回收利用和管理

2020年1月16日，发展改革委、生态环境部出台了《关于进一步加强塑料污染治理的意见》（发改环资〔2020〕80号），其宗旨是为了全面贯彻党的十九大精神，牢固树立新发展理念，有序禁止、限制部分塑料制品的生产、销售和使用，积极推广替代产品，规范废塑料回收利用，建立健全塑料制品生产、流通、使用、回收处置等环节的管理制度，有力、有序、有效治理塑料污染，努力建设美丽中国。

2020年7月10日，发展改革委、生态环境部、工信部等8个部门发布《关于扎实推进塑料污染治理工作的通知》（发改环资〔2020〕1146号），其目的是细化落实《关于进一步加强塑料污染治理的意见》（发改环资〔2020〕80号）要求，统筹做好疫情防控和塑料污染治理工作，确保如期完成2020年年底塑料污染治理各项阶段性目标任务。

2020年11月27日，根据《固体废物污染环境防治法》及《商务部办公厅关于进一步加强商务领域塑料污染治理工作的通知》（商办流通函〔2020〕306号）相关要求，商务部制定了《商务领域一次性塑料制品使用、回收报告办法（试行）》（商务部公告2020年第61号），其目的是为保护环境、节约资源，推进生态文明建设，引导企业、消费者减少和替代塑料袋等一次性塑料制品使用。

2022年5月31日，生态环境部发布了《废塑料污染控制技术规范》（HJ 364—2022），该标准规定了废塑料产生、收集、运输、贮存、预处理、再生利用和处置等过程的污染控制和环境管理要求。标准适用于废塑料产生、收集、运输、贮存、预处理、再生利用和处置过程的污染控制与环境管理，可作为废塑料再生利用和处置等建设项目的环境影响评价、环境保护设施设计、竣工环保验收、排污许可管理和清洁生产审核等的技术依据。标准规定了工业源、生活源、农业源、医疗机构等来源废塑料的污染控制要求，废塑料收集和运输污染控制要求，废塑料预处理、再生利用和处置的污染控制要求，运行环境管理要求以及属于危险废物的废塑料特殊要求等。

2）促进国外加强对废塑料的管理

表1和表2是清华大学巴塞尔公约亚太区域中心（巴塞尔公约亚洲太平洋地区培训和技术转让区域中心）研究团队搜集整理的相关材料，一定程度上反映出我国禁止废塑料进口政策直接或间接对发达国家以及亚洲国家的废塑料管理产生了积极影响，加强了对本国废塑料的回收利用和管理。

表1 各国出台塑料废物相关法规

时间	国家	法律法规
2017 年	澳大利亚	澳大利亚政府通过昆士兰减少废物和回收修正案，规定除了在运输易腐食物中使用的薄膜袋之外，禁止零售商分发塑料袋
2017 年	泰国	塑料废物管理行动路线（2018～2030 年），2019 年起禁止塑料瓶的塑料盖封，含塑料微珠的日化品，2022 年起禁止一次性发泡塑料餐具、塑料杯、吸管、厚度 < 36μm 的塑料袋
2017 年 8 月	肯尼亚	肯尼亚实施"全球最严"禁令，规定禁止使用、制造和进口所有商用和家用塑料袋；且于 2018 年 6 月初继全面禁止塑料袋后进一步宣布将在 2020 年 6 月 5 日前，在指定"保护区域"对所有一次性塑料用品实施禁令
2018 年 10 月	英国	英国提出于 2020 年 4 月开始实施对那些制造或进口可再生材料含量低于 30% 的塑料包装者征收新税的措施
2020 年 1 月 1 日	法国	法国通过《能源转型促进绿色增长法》，新法案对禁用一次性塑料产品、减少塑料污染等提出了量化目标，对全面禁用一次性塑料产品规划了路线图
2020 年 3 月 11 日	欧盟	欧盟委员会通过新版《循环经济行动计划》，将塑料作为七个关键领域之一，对包装、建筑材料和车辆等关键产品的塑料回收含量和废物减少措施制定强制性要求；为促使欧盟成员国投资塑料回收的基础设施，欧盟计划从 2021 年起将对不可回收塑料征收 800 欧元 /t 的塑料税
2020 年 7 月 1 日	日本	日本开始实施有偿提供塑料袋的规定，要求所有零售商店在提供塑料袋时都必须收费，塑料袋的价格由商家自行决定

表2 东南亚主要国家进口塑料废物越境转移规定

国家	规定
泰国	起草《塑料废物进口指南》，对可进口的塑料废物的要求：单一品种的塑料或经分离后的塑料废物，未被重金属、化学品、危险物质、污垢、土壤、有机物等污染，仍然处于可用或可回收状态，无异味
印度尼西亚	塑料废物的进口应该遵循以下要求： （1）工业源（非家庭源）产生，而不是 B3（有害、有毒以及具有危险性）的废物； （2）再生塑料将用作生产的辅助原料； （3）进口商持有进口许可证（API）； （4）进口商获得 MOT（PI）的塑料进口批准； （5）装运前检验应在原产地进行，并应提交报告
越南	所有塑料废物进口均需获得许可证，作为原材料用于生产过程的 23 种塑料废物（PVC、PE、PET 等）允许进口
老挝	暂停了以废塑料为原料的新工厂的建立，但是现有的符合环境和技术标准的工厂仍可以继续运营；关于危险废物管理建议的法规将考虑巴塞尔公约塑料废物修正案，正在起草相关法规

塑料物品固体废物
特征分析与属性鉴别

国家	规定
马来西亚	所有塑料废物进口均需获得许可证。环境部仅允许完全符合《1974 年环境质量法》场所进口回收的塑料废物

3）禁止进口废塑料的积极影响 [10]

① 有利于减少环境和健康风险。进口废塑料可能含有种类繁多的一般夹杂物或者禁止进口的固体废物，也可能由于进口的废塑料未进行清洗或清洗不干净，沾染油污和泥土，散发恶臭和发霉，导致环境风险和健康损害。禁止废塑料进口后，可有利于减少进口废塑料带来的环境和健康损害。

② 有利于阻断发达国家向我国转移废塑料。我国于 2018 年年底率先禁止进口废塑料，发达国家以往经常将难以处理的废塑料出口到我国的情况被彻底阻断。

③ 有利于促进我国废塑料回收利用和污染防治的集中处理。废塑料禁止进口后，客观上有利于促进国内废塑料回收利用，废塑料加工利用散户实行集中园区化管理，集中处理废塑料加工利用产生的废水、废气和固体废物。

④ 有利于促进再生塑料颗粒进口。废塑料禁止进口后，一些企业加快转型升级，积极布局海外再生塑料颗粒产品市场，促使再生塑料颗粒进口量明显增加，企业生产成本也随之会增加，但也会促进行业制定再生塑料颗粒的科学判定标准和方法。

⑤ 有利于提升国内废塑料的利用处置水平。2017 ～ 2019 年，我国废塑料回收量由 1693 万吨增至 1890 万吨，废聚酯（PET）瓶（24%）、废包装膜（19%）和其他来源不确定的废塑料（25%）占比较高，品种主要为 PET（32%）、PE（21%）和 PP（19%），这种回收量的增加能更好地体现规模化利用的效应，对提升国内利用水平有益；受打击进口废物加工利用企业环境违法行为等专项行动及供给侧改革影响，家庭作坊式废塑料加工企业被关停或取缔，行业展现出规模整合、产业集中、品质提升、优胜劣汰的高质量发展态势 [6]。

2 进口废塑料存在环境污染和风险分析

（1）废塑料容易产生环境污染

由于塑料具有耐腐蚀、不易分解的特性，尤其是一次性塑料包装废物、塑料地膜等被人们随意丢弃而造成的污染，以及废塑料对环境造成的潜在危害，已成为社会各界关注的环境问题 [12]。

① 土壤中：塑料埋在土壤中很难分解，会导致土壤能力下降。在使用塑料制品进行农作物的培养以及种植时，废塑料对于农作物周围的土壤产生了极大的环境影响，尤其是土壤中种植的植物，当废塑料覆盖在土壤周围时，会阻挡水分进入土壤，给植物的生长带来极大的危害。

② 淡水中：塑料降解成微塑料颗粒，污染了当地淡水资源，且随着水体的流动继续污染其他地域的水体。

③ 海洋中：塑料的降解污染了水质，若污染物漂浮在海面，会造成海洋生物呼吸困难；若污染物沉在海底，有的塑料被海洋中其他生物误食，会造成各种疾病，甚至死亡。所有五大环流中的塑料垃圾浓度都高于海洋的其他部分，它们由微小的塑料碎片组成，似乎悬浮在海水表面之下，这一现象被称为"塑料汤"。

（2）进口废塑料环境污染和风险的表现形式

1）夹带污染物是最主要的方式

以往进口废塑料夹带和未清洗情况较为普遍，常夹带有生活垃圾、工业废物、被包装物等，不符合《进口废塑料环境保护控制标准》（GB 16487.12）要求的情形比较多，环境污染风险主要表现在以下几个方面。

① 伪报成废塑料等名称的垃圾，或通过在废塑料中夹藏、夹带、伪装货物等方式进口的垃圾。以废塑料为主，由于未经分类而表现出混杂或废碎的特征，可包含各种用途和来源的废塑料。

② 进口的废塑料中含有大量的一般夹杂物和禁止进口的废物。货物中明显含有较多的种类繁杂的废物，如办公纸、报纸、广告纸、瓦楞箱板纸、利乐包、纸质购物袋、锡箔纸、墙纸、书刊等各种废碎纸，复合包装，光盘、磁带、胶片、电池、键盘、鼠标、插线板，脏污的编织袋，废渔网，废缆绳，金属管或棒或盖，金属容器，易拉罐，金属块，电线电缆，牙刷，牙膏皮，橡胶制品，衣架，衣服、裤子、鞋袜、围巾、手套、书包等包类，毛发，笔等文具，棉被、凉席、枕头，电饭锅等厨房电器，破布等纤维织物，一次性餐饮用具，卫生巾或纸尿裤等一次性卫生用品，输液管或输液袋等一次性医疗用品，棉絮、泡沫、海绵、棉花，洗浴用品，绳、丝、带、网，干果等腐烂食物，药盒，植物枝叶，木头木片，玻璃碴、砂石瓦砾、混凝土等。

③ 货物脏污，由于未经清洗或未清洗干净而表现出明显脏污特征，如潮湿发霉、明显可见盛装物的剩余物、沾染油污、沾染泥土、黏结成团、散发恶臭、含有明显尘土等。

④ 放射性超标。由于进口废塑料产生来源未知，在其回收过程中，存在

沾染或被放射性物质污染的可能性。

2）进口废塑料产生环境污染的主要环节

① 原料贮存环节。进口废塑料加工利用企业受场地限制，原料露天堆存现象较为普遍。进口废塑料来源广泛，夹杂物成分复杂，在雨淋情况下，存在环境风险。有挥发酚和汞（Hg）的析出，汞浓度超过地表水Ⅲ类标准3倍，挥发酚超过地表水Ⅳ类标准的1/2，进口废塑料原料如果露天堆放，在雨淋的条件下会对水体和土壤造成污染。

② 加工利用环节。进口废塑料在加工利用过程中，产生的环境污染主要为原料清洗环节产生的清洗废水及熔融挤出环节产生的有机废气。

③ 不可利用废物处置环节。企业在废塑料加工利用过程中，会产生少量残余废塑料、废过滤网、污水处理污泥等不可利用废物。企业对不可利用废物处置不规范，特别是残余废塑料直接销售给下游的小作坊，废过滤网直接进行露天焚烧，造成环境污染。

（3）废塑料再生过程的主要污染物排放情况

1）废塑料主要环境污染风险

废塑料回收、再生处理过程中会产生固体废物，多为回收再生后的废塑料残渣，也会有一些其他污染物；废塑料在分离和清洗处理过程中会产生工业废水，具有量大、污染重、成分复杂的特点。废液污染物（指标）主要有 COD、BOD_5、重金属（如 Pb、Hg、Ag、Au、Cr、Ni 等）、其他有机和无机污染物（酚类、脂类、油类、氟化物、氰化物、氯化物、磷酸盐等），根据不同工艺流程污染物有所不同。废塑料再生过程中会产生工业噪声，主要是破碎机、分选机等各种机械设备振动、摩擦、撞击产生。废塑料再生加工过程产生少量挥发性物质与粉尘，如低分子量的塑料单体产生的气味；一般采取高空排放或者密闭、半密闭环境中加工即可解决此问题；在回收制冷设备中的发泡材料时产生的制冷剂、发泡剂（CFC、HCFC）等会破坏大气臭氧层。废塑料主要来源于塑料制品，在生产塑料制品过程中，往往会根据对产品性能的需求在其中加入一些添加剂以增强塑料性能。这些添加剂中也存在有毒有害物质，如阻燃剂、增塑剂等。而在生产加工再生塑料颗粒过程中，也会有各种添加剂加入。

2）未被充分回收导致的风险

不可回收废塑料的处理方式主要是填埋和能量回收，其中填埋处理应尽量避免。废塑料的能量再生是通过热分解或焚烧处理废塑料，从而实现能量回收与利用。

3）残留物及其处理处置风险

① 溶剂类：此类清洗介质是靠自身的溶解作用及分散力来去除污垢，常用的种类有石油裂化油，如汽油、柴油、煤油等，以及有机溶剂，如醇类、酮类和醚类等，这类介质适合清洗有机类的油污、油脂，例如润滑油（机油）等矿物油。但大多数有机溶剂易于挥发而造成空气污染，有的还对人体有害，许多有机溶剂易燃易爆，安全性比较差。

② 水基清洗液：水基清洗液主要是通过被加入其中的表面活性剂、乳化剂、渗透剂等对被清污垢的吸附、润湿、乳化、分散和增溶而实现对污垢的去除。但是表面活性剂会残留在清洁后的工件表面，清除难度较大，表面活性剂随废水排放也会造成环境污染。

③ 化学溶液：化学溶液是通过本身与被清洗对象的化学反应力实现污垢的去除。常见种类包括酸、碱水溶液以及各类氧化剂或还原剂，其中酸用于去除锈垢，碱用于可皂化油污垢的清洗，漆层也可以用化学溶液来去除；但是化学溶剂也具有腐蚀作用，而且会有溶液残留需要二次清洗，产生酸雾、酸或碱性废水等污染物。

④ 固体颗粒：在废塑料清洗中常用的固体颗粒有谷物壳、塑料颗粒以及干冰颗粒等。这些颗粒由于硬度较低，在使用过程中会破碎而形成粉尘，对人体和环境有害。

⑤ 混合介质：混合介质是由两种及两种以上的清洗介质混合而形成，可以克服单个介质的缺陷，例如，湿喷丸采用水和固体颗粒混合，不但可以增强水射流清洗时的冲击力，还可以杜绝固体颗粒产生的粉尘；又如在超声波清洗液中加入适量固体颗粒也可以增强超声波的清洗效果。

⑥ 其他固体废物：废塑料回收过程中产生的固体废物主要有不能破碎分选的固体杂物碎屑、清洗后水池中沉积残渣、焚烧后产生的灰烬等，通常只能填埋处理。

3　进口废塑料容易导致健康风险

我国以往进口废塑料的主要种类是聚乙烯（PE）、聚氯乙烯（PVC）、聚酯（PET）和聚丙烯（PP），进口后经过分选、破碎、清洗、造粒或拉丝等过程，生产塑料颗粒或者作为原料生产塑料制品及化纤产品，国内废塑料加工多为一家一户的分散经营。进口废塑料在解决塑料供需矛盾的同时，也带来了诸多问题[13]，如贮存、装载、运输过程中的病原微生物和媒介生物对人体健康的威胁，造成传染性疾病，以及因入境前盛装过化工原料而散发出挥发性有机化合物（VOCs）等，对塑料加工工人和出入境工作人员的健康造成威胁；同时，进口废塑料在回收加工过程即在分拣、破碎、熔融、拉丝、造粒、清洗等过程也会产生多环芳烃等有毒有害气体、二噁英、增塑剂等，造成作业人员的职业暴露；未被利用的塑料废品则通过焚烧、填埋，产生的二噁英、增塑剂渗漏进入当地土壤、水源，有毒有害气体进入大气，而对当地甚至其他地区的居民产生潜在的健康危害；此外，分散经营加工的处理方式，也容易导致加工处理后废气、废水无组织排放而造成诸多环境和健康问题 ❶。

（1）媒介生物及病原微生物

1）危害识别

混有生活垃圾的塑料本身极易产生病原微生物，还有一些是在使用、堆放、运输过程中被病原微生物污染。在各种入境废塑料中检出的致病菌和条件致病菌主要有导致呼吸道肠道疾病的金黄色葡萄球菌、溶血性链球菌、绿脓杆菌、大肠杆菌、蜡样芽孢杆菌、沙门氏菌、志贺氏菌等多种常见致病菌；也有导致传染病的霍乱弧菌、伤寒杆菌、结核杆菌、乙肝病毒等；还有引起皮肤癣病的皮肤丝状菌，引起鹅口疮口角炎的白色念珠真菌等病菌[14]。

存在于塑料等废物中的有机粉尘即生物气溶胶对人体的危害也不容小觑，生物气溶胶中的病原微生物如细菌、真菌（废物分解和堆肥过程中）、内毒素（废物处理活动中产生的有机粉尘中）、葡聚糖（废物尘埃中）对人体主要的危害包括呼吸道和眼部刺激。

2）健康效应

空气细菌暴露可能会导致一系列不良影响，金黄色葡萄球菌可导致化脓性感染、全身感染、食物中毒、假膜性肠炎；绿脓杆菌可导致化脓性感染、败血症；鼻克雷伯菌可导致臭鼻症和其他呼吸道感染；沙门菌属可导致肺部感染、脑膜炎、尿路感染、烧伤后败血症。在关于固体废物处理行业的流行病学研究中，还未普遍对暴露在细菌环境下的人体所造成的影响进行测量。常见病原微生物的健康影响见表 3。

表3　常见病原微生物的健康影响[13]

病原微生物类别	可能导致的疾病
金黄色葡萄球菌	化脓性感染、全身感染、食物中毒、假膜性肠炎
绿脓杆菌	化脓性感染、败血症

---

❶　注：本节资料摘自2018年中国环境科学研究院、生态环境部环境与经济政策研究中心、生态环境部固体废物与化学品管理技术中心共同编写的《进口固体废物环境影响评估报告》中进口废塑料的健康风险分析部分。

病原微生物类别	可能导致的疾病
鼻克雷伯菌	臭鼻症和其他呼吸道感染
沙门菌属	肺部感染、脑膜炎、尿路感染、烧伤后败血症
霉菌	与霉菌有关的人类疾病

空气真菌暴露与呼吸道健康有关的一系列不良影响，包括引起过敏性哮喘和变应性鼻炎。短期暴露在空气真菌可能会刺激眼睛、鼻子和喉咙以及引起流鼻涕和咳嗽等症状，长期暴露会增加慢性呼吸道疾病的风险。研究表明，工作场所暴露于废物和其他行业的生物气溶胶，与上下呼吸道症状、慢性呼吸道疾病的风险增加有关，也与胃肠道疾病或疲劳的风险增加有关。

3）暴露评价

如果检验检疫人员和卫生处理人员极少配置卫生劳动防护用品，在查验、卫生处理工作中非常容易受到健康危害。由于废旧物品中携带的生活垃圾、腐败变质物品、病原微生物等，极易使操作人员通过被污染粉尘的吸入、媒介生物的叮咬和皮肤接触感染呼吸道疾病、皮肤病，引起操作人员的传染病发生和流行。我国近些年对进口废塑料检疫情况调查见表4。

表4 进口废塑料媒介生物及微生物检出情况调查

调查区域	时间	废塑料污染情况
青岛口岸	2001 年	抽检的 270 份样本废塑料中平均菌落总数 31000cfu/g，平均大肠菌群 240cfu/g。金黄色葡萄球菌阳性率 88.89%[14]
广东口岸	2003 年	发现 20 宗国内或广东省内无分布记录的医学媒介生物。在 84 批进口废物（废塑料占30%）中发现携带媒介生物有：鼠类、蝇类、蜚蠊、蚊类、螨类；另外还发现夹带医疗废物和生活垃圾等[15]
大连、天津、青岛、重庆、武汉、深圳等口岸	2011 年	检测的 26 份废塑料中平均细菌总数 1391866.43cfu/g，平均大肠菌群总数 1117.14cfu/g。金黄色葡萄球菌阳性率 53.85，副溶血弧菌 34.62%[16]
广东某港口	2011 年	检测的 10 批废塑料平均菌落总数 450cfu/g，平均霉菌总数 570cfu/g，平均肠道菌群数 <10cfu/g[17]
宁波口岸	2014 年	全年截获塑料废碎料及下脚料携带外来医学媒介生物集装箱达到 1855 标箱，其次为携带植物检疫性有害生物集装箱，检出 854 标箱[18]

（2）挥发性有机化合物（VOCs）

1）危害识别

挥发性有机化合物（volatile organic compounds，VOCs）是指室温下饱和蒸气压＞70.91Pa 或沸点＜260℃的有机物，是非工业环境中常见的空气污染物之一。VOCs 主要成分有烃类、卤代烃、氧烃和氮烃等。常见的有醛类、苯、甲苯、二甲苯、三氯乙烯、三氯甲烷、萘、二异氰酸酯类等。

进口废物原料产生的途径广泛、来源相对复杂，很难判断是否在境外盛放或接触过含有 VOCs 的物质，废塑料中易产生挥发性有害气体，如苯、酚、二甲苯、氰化物等，如果这类货物未经很好处理，有毒有害物质将伴随货物一起进口。

另外，废塑料加工过程中热熔、挤出产生的废气如果未经无害化处理直接排放，也会产生有机废气[19]。在 PS、PP、PA、PVC、PVC、PE 和 PC 等车间，单一芳烃是丙烯腈−苯乙烯−丁二烯共聚物（ABS）和 PS 回收车间排放的主要成分，而烷烃主要来自 PE 和 PP 回收过程，VOCs 来自 PVC 和 PA 回收车间[20]。各种废塑料的生产控制参数和工艺废气污染物产生情况见表5[21, 22]。

表5　废塑料生产控制参数和污染物产生情况

塑料种类	热熔／成型工序控制温度/℃	热熔产物	产物物化特性	分解温度/℃
PS	200～240	非甲烷总烃、苯系物	苯无色有芳香气味，可燃有毒；相对蒸汽密度2.77；甲苯无色有芳香气味，易燃，低毒	330
PET	150～170	非甲烷总烃、苯系物		353
ABS	160～230	非甲烷总烃、苯系物		270
PVC	160～190	非甲烷总烃、氯化氢	HCl 无色有刺激性气味，易溶于水，腐蚀性	130℃以上会有少量氯化氢产生
PE	105～135	非甲烷总烃		320
PP	160～240	非甲烷总烃		350
PA	220～300	非甲烷总烃		350
PC	230～280	非甲烷总烃		300

2）健康效应

人体摄入 VOCs 后主要有致畸、致癌、致突变的危害，还可导致肝脏和肾脏损害，免疫系统、神经系统、生殖系统等一系列潜在的慢性疾病。当 VOCs 达到一定浓度，短时间内人会感到头痛、恶心、呕吐、乏力等，严重时会出现抽搐、昏迷，并会伤害到肝脏、肾脏、大脑和神经系统，造成记忆力减退等严重后果。

丹麦学者根据控制暴露人体试验结果和各国的流行病研究资料，对VOCs浓度进行了划分，该划分原则通常作为权威引用或作为指导，划分原则见表6。

表6　VOCs的暴露-反应关系[19]

VOCs浓度/（mg/m³）	刺激与不适感	影响范围
<0.20	无刺激、无不适感	舒适范围
0.20~0.30	在与其他影响相互作用下，可能产生刺激和不适感	多因素影响
3.0~25	在与其他影响相互作用下，可能产生头痛和其他感觉	不适感范围
>25	可能发生神经毒性影响	发生中毒

3）暴露评定

暴露途径：

① 盛装过化工原料、包装过食品及为了达到某些特殊用途在生产过程中都会有VOCs挥发，易产生明显异味，对于口岸检验人员及回收企业工人均可能产生健康危害；

② 废塑料再生加工过程中热熔、挤出（热熔造粒过程）产生有机废气[19]，影响工人及周边居民健康；

③ 不能再次利用的塑料在焚烧的过程中也会产生大量的有害气体，对环境及人体造成危害[23]。

对塑料回收车间的VOCs检测发现，大多数VOCs来自熔融挤出工艺，但是TVOC浓度有很大不同：PS（3.9mg/m³）>PA（2.1mg/m³）>PVC（1.9mg/m³）>ABS（1.8mg/m³）>PP（1.2mg/m³）>PE（1.1mg/m³）>PC（0.6mg/m³）[20]。但工作车间的VOCs浓度不超标。

4）健康危害（流行病学）

塑料废品回收与再生加工过程会产生烃类化合物、挥发性有机化合物、多环芳烃等各种有毒有害气体以及粉尘，严重影响工厂周围环境。尤其是尚处于身体发育阶段的儿童长期接触会对呼吸系统、消化系统、皮肤、眼睛等产生损害。

对塑料回收车间的VOCs对车间工人和附近居民进行了健康风险评估，发现工人在ABS和PS回收车间中可能存在急性和慢性健康风险。对于非癌症风险，只有PS的非致癌危险指数（HI）为1.9，高于评价标准1.0，对工人构成长期慢性健康风险[19]。

对广东省某镇塑料废品回收与再生加工地区儿童健康研究显示，加工区儿童患病率总体水平比对照区的儿童患病率要高[24]。2011年上半年，呼吸系统

塑料物品固体废物
特征分析与属性鉴别

症状（咳嗽与咳痰、鼻塞、咽痛）加工区发生率为78.4%，对照区为64.0%，加工区发生率高于对照区，有统计学意义。

（3）多环芳烃

1）危害识别

多环芳轻（PAHs）是一种典型的持久性有机污染物，在工业生产中当不完全燃烧过程形成或热裂解有机物形成并且释放出来，可以在焚烧废物、柴油废气的排放物中检测到，垃圾填埋场、垃圾焚烧和高温热处理废物过程也会产生多环芳烃[25, 26]。一些通风不良的废物处理场所和运输工具排放的柴油烟雾中多环芳烃的浓度会显著增加，患癌风险增高。

另外，在电子电器制造业中，苯并[b]荧蒽通常是作为塑料添加剂进入生产环节中，如塑料粒子在挤塑时和模具之间存在黏着，此时要加入脱模剂，而脱模剂中可能含有苯并[b]荧蒽。

2）健康效应

通过动物的短期实验表明，某些多环芳烃与血液不良反应有关，也与免疫抑制和肝脏中毒有关。在皮肤实验中，一些多环芳烃会导致角化过度。在废塑料再生加工过程中，可能产生的有毒气体长期反复与皮肤接触、可经皮肤吸收引起急性或慢性伤害，易患各种皮炎等疾病。长期暴露于工作场所的多环芳烃，可能会引起肺功能、胸痛、呼吸刺激、咳嗽、皮炎和免疫功能低下。某些多环芳烃会引起动物生殖和发育中毒。大量的多环芳烃被证明是遗传毒素，有些是致癌的。动物实验结果表明，不同多环芳烃的致癌性存在较大差异。在焦化和煤气化过程中，暴露于焦炉、沥青厂、铸造厂、铝冶炼厂以及排放柴油的多环芳烃，与肺部、膀胱和皮肤肿瘤有关[27]。

3）暴露评定

对我国某塑料垃圾拆解地周边50例居民多环芳烃内暴露水平进行调查，检测了其中8种多环芳烃羟基代谢物的含量水平，发现多环芳烃羟基代谢物的含量水平普遍高于北京、广东、江西等地区背景人群含量水平，也明显高于欧美国家背景人群的含量水平，表明该地区居民有着较大的多环芳烃摄入量[28]。

（4）邻苯二甲酸二（2-乙基己基）酯（DEHP）

1）危害识别

邻苯二甲酸二（2-乙基己基）酯（DEHP）主要来源于工业生产，主要作为聚氯乙烯（PVC）等塑料制品的增塑剂，用于加强塑料的弹性和韧性。塑化剂被广泛应用于国民经济各领域，包括塑料、橡胶、黏合剂、保鲜膜、医疗器械、电缆等成千上万种产品中。

大多数回收塑料样品中含有邻苯二甲酸酯（DMP，DEP，DPP，DiBP，DBP，BBzP，DEHP，DCHP 和 DnOP），其中 DBP、DiBP 和 DEHP 含量最高，最高测量浓度分别为 460μg/g、360μg/g 和 2700μg/g。统计数据分析表明塑料树脂（例如 PET，HDPE，PS）不能解释邻苯二甲酸酯的存在，而塑料材料样品（例如废塑料，再生塑料，原生合成塑料）的来源是显著影响邻苯二甲酸酯含量的重要因素[29]。

2）健康效应

国内外众多毒理学实验和流行病学资料都显示 DEHP 可对机体产生不良影响，最为显著的有生殖发育毒性，也可能对肝脏、心血管系统、内分泌系统、免疫系统等都有影响。例如：研究数据表明暴露于高浓度的 DEHP 增塑剂与妇女肌瘤和子宫内膜异位相关。Cobellis 等在子宫内膜异位症患者中发现了高浓度的邻苯二甲酸二（2-乙基己基）酯[30]，邻苯二甲酸酯的浓度也与印度妇女的研究中的子宫内膜异位症有关[31]。

3）健康影响（流行病学）

流行病学研究显示，塑料回收加工企业可能影响工人生殖系统、甲状腺功能及免疫系统功能，通过食物进入人体从而影响周边人群身体健康。

（5）二噁英

1）危害识别

二噁英包括多氯联苯-对二噁英（PCDDs）家族，有时还包括多氯二苯并呋喃（PCDFs）和某些多氯联苯（PCBs）。多氯二苯并对二噁英、多氯二苯并呋喃和多氯联苯都属于分子结构相似的物质，被称为同系物。其中毒性最大的是 2，3，7，8-四氯二苯并对二噁英（TCDD）。根据 WHO 报道，在 419 种与二噁英有关的化合物中，只有大约 30 种被认为具有重大毒性。长期以来，废物焚烧是环境中二噁英的主要来源，二噁英是工业或垃圾焚烧的副产物。塑料回收工厂如果发生意外火灾，也会导致二噁英类物质的释放[32]。同时，未被充分利用的塑料垃圾则采用填埋法、焚烧法等处理方式，同样也会产生二噁英类物质。

2）健康效应

二噁英毒性最大的是 2，3，7，8-四氯二苯并对二噁英（TCDD），为一级致癌物。在啮齿类动物中产生的毒性效应包括氯痤疮，衰竭综合征，肝毒性，致畸毒性，生殖和发育毒性，致癌，神经和行为毒性，免疫抑制，体内多种代谢酶的诱导，内分泌系统的干扰等。在人类由于职业接触或意外事故观察到的

塑料物品固体废物
特征分析与属性鉴别

症状主要有氯痤疮，肝损害，卟啉血症，感觉障碍，精神障碍，食欲减退，体重减轻且接触人群肿瘤发病率升高。

在意外火灾的情况下，即使在短时间内释放持久性致癌化合物（二噁英和呋喃）也会增加终生风险，特别是对于母乳喂养的新生儿。

3）暴露评定

调查表明，城市固体废物以及含氯的有机化合物如多氯联苯、五氯酚、聚氯乙烯等焚烧时排出的烟尘中含有 PCDDs 和 PCDFs，其产生机制目前尚不清楚，一般认为是由于含氯有机物不完全燃烧通过复杂热反应形成。PVC 被广泛用于电缆线外覆及家用水管等，遇火燃烧亦会产生 PCDDs 和 PCDFs。垃圾填埋过程中的垃圾渗滤液中所含的二噁英会渗入地下，对土壤造成直接污染 [32]。此外，塑料行业的随意燃烧和火灾也是导致各种环境介质污染周边地区多含有氯二苯并对二噁英 / 多氯二苯并呋喃的主要原因之一。

（6）小结

含有多种致病性病原菌入境废物原料，对口岸相关人员身体健康造成了一定的危害，有些致病微生物能引起传染病的流行和爆发，甚至污染当地的大气、水源、土壤，对环境卫生也造成了深远的影响。

进口废塑料中，有的货物是曾经作为各种化工原料盛装容器的塑料桶或塑料瓶，如果这类货物未经很好地清洗便进口，容器内的有毒害有害物质将可能伴随货物一起进口：一则由于查验手段简单，给现场工作人员的身体健康带来潜在威胁；二则在后续加工过程中如处理不好又会造成环境污染，给从业人员和产品带来隐患。热塑性塑料在熔融挤出过程会产生大量的 VOCs，对人体产生急性或慢性的健康危害。

高温熔融和焚烧过程会产生多环芳烃，可能引起呼吸道、皮肤、眼部刺激，具有生殖和发育毒性，甚至具有致癌性。同时，塑料回收区空气、水、土壤因垃圾焚烧也会受到污染，居住在此地的居民和牲畜暴露水平相应升高，因此健康风险较大。

邻苯二甲酸二（2- 乙基己基）酯（DEHP）作为一种主要的聚氯乙烯增塑剂，广泛用在各种消费品、地板、食品包装、化妆品和医疗材料中。DEHP 是一种内分泌干扰物，具有明显的生殖毒性和致癌、致畸、致突变性。

废塑料回收后高温处理的焚烧残余物中含有二噁英；同时，未被充分利用使其资源化的塑料垃圾则采用填埋法、焚烧法等处理方式，同样也会产生二噁英类物质。

三、进口再生塑料产品

1 进口再生塑料产品

（1）进口再生塑料产品替代进口废塑料

我国已经禁止进口废塑料，但过去 20～30 年长期培育起来的国内需求市场并没有因此消失，依然还存在，无论是已经形成的产业规模、产业布局、生产技术、生产设备，还是市场对原料的需求、大量具有一定生产技能的人员都还存在，还可继续发挥积极作用。再生塑料行业企业一方面积极在国内寻找废塑料资源弥补进口废物资源的缺失，这有利于对国内废塑料的无害化利用水平的提升和废塑料环境问题的解决；同时，部分企业也看到了进口再生塑料产品替代进口废塑料的新机遇。

2016 年以来，不少利用公司提前在东亚和东南亚国家进行再生塑料产品加工布局，将生产线转移出去生产再生塑料颗粒产品，然后再进口到国内。但在没有专门可适应的产品标准前提下，很多公司进口并不顺利，不少再生塑料颗粒入关过程中被怀疑为废塑料而遭到查扣甚至退货，因此推动相关管理部门允许从国外进口加工初级产品来弥补禁止进口废塑料的空缺便非常迫切，进口高品质的再生塑料颗粒成为企业和行业发展的选择。由于品质优于废塑料、价格低于同类合成塑料的原料，是一种较好的替代选择，从促进技术进步和规范管理的角度而言，相关管理部门出台再生塑料颗粒产品标准是确保再生塑料产品顺利入境的前提和关键举措。

（2）海关监管政策

我国不断加强生态环境保护力度，坚定走绿色和高质量经济发展的道路，完成了从有限进口部分可用作原料的固体废物到全面禁止进口固体废物的历史性变化，不再是世界上固体废物主要进口国和消纳地，这是中国特色社会主义道路和新时代生态环境保护思想的必然选择，在国际上产生了积极影响，各国有义务主动处理好自己产生的固体废物。从 2018 年 12 月 31 日起，我国全面禁止废塑料进口。此后，再生塑料产品因具有成本较低、污染相对较少等优势而成为塑料原料的有效补充。

1）进口中常见的归类和税率情况

根据《中华人民共和国进出口税则》，再生塑料按塑料原材料管理，归入品目3901～3914项下。进口中常见的再生塑料主要是品目3901项下"初级形状乙烯聚合物"、品目3902项下"初级形状丙烯或其他烯烃聚合物"、品目3903项下"初级形状苯乙烯聚合物"和品目3907项下"初级形状的聚缩醛、其他聚醚及环氧树脂；初级形状的聚碳酸酯、醇酸树脂、聚烯丙基酯及其他聚酯"。

根据《中华人民共和国进出口税则》，品目3901～3914项下再生塑料涉及税号不同，对应不同的关税税率和增值税税率。

①关税税率。在主要进口再生塑料品种中，进口关税最惠国税率主要为6.5%，部分为2.2%、3.3%、10%、12%；7项商品有年内暂定税率，具体如下：

Ⅰ.暂定税率。以下商品年内暂定税率为3%：a.税号39021000.01项下"电工级初级形状聚丙烯树脂（灰分含量不大于30×10^{-6}）"；b.税号39072010项下"聚四亚甲基醚二醇"；c.税号39074000项下"聚碳酸酯"；d.税号39077000项下"聚乳酸"。

Ⅱ.以下商品年内暂定税率为4%：a.税号39073000.01项下"初级形状溴质量≥18%或进口CIF价>3800美元/t的环氧树脂（如溶于溶剂，以纯环氧树脂折算溴的百分比含量）"；b.再生塑料主要原产自东南亚，主要进口再生塑料品种基本享受中国东盟协定关税。

②增值税税率。品目3901～3914项下再生塑料增值税税率均为13%（2019年4月1日起增值税率由16%降到13%）。

2）进口申报注意事项

进口申报时，需要申报的信息包括：a.品名；b.外观（形状、透明度、颜色等）；c.成分含量；d.单体单元的种类和比例；e.相对密度；f.底料来源；g.级别；h.品牌（中文及外文名称）；i.型号；j.签约日期；k.生产厂商；l.用途。

①清晰申报"品名""底料来源""是否为再生料"等要素。

再生塑料与塑料原料的规范申报一样，都需要申报以下要素：品名、成分含量、单体单元的种类和比例、签约日期、是否为再生料等；其中，"品名""成分含量""单体单元"三个申报要素是再生塑料申报的重点、难点。

Ⅰ.品名：为区别再生塑料与塑料原料，再生塑料需要在品名中注明"再生"。例如，PET 原料粒子申报品名为"PET 粒子"，PET 再生料则需要申报品名为"PET 粒子（再生）"。

Ⅱ. 底料来源："底料来源"主要是区分商品是新料还是再生料，如果底料来源于回收的废塑料，应填报"再生料"；如果是回收塑料瓶加工处理后得到的碎片状塑料，应填报"瓶片料"；如果是由低分子原料聚合得到的初级形状塑料，应填报"新料"；如果是副牌料，应填报"副牌料"。

Ⅲ. 是否为再生料：再生料填入"是"，原料填入"否"即可。

② 在境外设厂的再生塑料进口企业申报时必须留意"特殊关系确认"和"价格影响确认"两项申报要素的填写。

Ⅰ. 有下列情形之一的，应当认为买卖双方存在特殊关系，在本栏目应填报"是"，反之则填报"否"。

特殊关系确认：a. 买卖双方为同一家族成员的；b. 买卖双方互为商业上的高级职员或者董事的；c. 一方直接或者间接地受另一方控制的；d. 买卖双方都直接或者间接地受第三方控制的；e. 买卖双方共同直接或者间接地控制第三方的；f. 一方直接或者间接地拥有、控制或者持有对方 5% 以上（含 5%）公开发行的有表决权的股票或者股份的；g. 一方是另一方的雇员、高级职员或者董事的；h. 买卖双方是同一合伙的成员的。

买卖双方在经营上相互有联系，一方是另一方的独家代理、独家经销或者独家受让人，如果符合前款的规定也应当视为存在特殊关系。

Ⅱ. 填报确认进出口行为中买卖双方存在的特殊关系是否影响成交价格，纳税义务人如不能证明其成交价格与同时或者大约同时发生的下列任何一款价格相近的，应当视为特殊关系对进出口货物的成交价格产生影响，在本栏目应填报"是"，反之则填报"否"。

价格影响确认：a. 向境内无特殊关系的买方出售的相同或者类似进出口货物的成交价格；b. 按照《审价办法》倒扣价格估价方法的规定所确定的相同或者类似进出口货物的完税价格；c. 按照《审价办法》计算价格估价方法的规定所确定的相同或者类似进出口货物的完税价格。

3）申报示例

3901.2000 高密度聚乙烯申报示例如下：白色半透明颗粒 |100% 聚乙烯 | 乙烯单体约等于 99%，1- 己烯单体约等于 1%| 相对密度：0.952| 新料 | 薄膜级 | SABIC 无中文品牌 |FJ009521|20201105| 主要用于制造塑料产品。聚乙烯塑料颗粒示意见图 1。

图1 聚乙烯塑料颗粒

2　以往固体废物属性鉴别过程中再生塑料产品的有关考虑

（1）几类典型的再生塑料原料

1）再生塑料颗粒

再生塑料颗粒是由回收废塑料经分类、清洗、熔化、造粒后形成的产物，是加工获得的目标产物，已经将该过程产生的污染物留在了境外，应属于产品的范畴。但在2021年之前还没有建立废塑料生产的颗粒产品标准情况下，口岸海关机构查扣的这类物品好坏都有，通过必要的理化特性分析，参照有关合成塑料的标准，对总体上还不错的样品判断为产品，对明显不好的物料才判断为固体废物。下列情况下通常会判断为固体废物：

① 颗粒散发浓烈的气味，说明塑料颗粒中含有易挥发的有机毒物；

② 塑料颗粒物外观非常不均匀，甚至夹杂物很多；

③ 塑料颗粒经拉条制片后的性能测试指标较差，表明树脂品质较差；

④ 有的掺加大量无机组分，掩盖回收有机树脂性能差的多种瑕疵；

⑤ 有的明显是回收的混合物等。

口岸海关不断查扣再生塑料颗粒，监管压力大。因此应对这类初级加工产物可通过建立简明又有效的标准或规范，建立废物和非废物的区分依据，从根本上减少再生塑料颗粒入境管理中被查扣的局面。

2）聚酯（PET）瓶片

2016年以来，口岸海关机构查扣了一些PET瓶片，有些是由回收PET瓶经过破碎、分离和清洗后的净片。PET瓶片原料可直接或进一步经过处理后进入生产再生涤纶丝的生产工序中予以使用，沿海不少企业缺少这类原材料，有较大的市场需求。在相关再生塑料行业协会的要求下，生态环境部和海关总署积极作为，2018 年 5 月 14 日海关总署发文将符合《再生聚酯（PET）瓶片》（FZ/T 51008—2014）中 A、B、C 三类性能和指标要求的 PET 瓶片不按固体废物管理，从管理技术上解决了口岸和企业的棘手问题，有了可操作执行的基本依据。

但随着口岸管理中执法进程的推进，又暴露出《再生聚酯（PET）瓶片》（FZ/T 51008—2014）中某些指标过于严厉甚至不合理的新问题（行业标准制定当初可能没有对技术指标进行合理验证所致），导致瓶片中某些技术指标难以达到该标准的要求，口岸海关机构据此判断为固体废物，这类瓶片仍难以通关，因而有必要对该行业标准进行修订或制定新的再生聚酯原料产品标准。

3）塑料板材或膜的卷材

以往海关机构查扣货物中还有一些货物没有鉴别判断为固体废物，如 PET 厚膜或薄片大卷材、PE 膜卷、整片的大半固化片、整片大有机玻璃板、较长的腈纶次级丝束等，这些货物有一些共同特点，即产生来源上不是从产品使用端或消费端回收的物料，而是生产或销售过程中的原材料，可能是长期积压库存或质量检验过程中稍有瑕疵的货物，但总体上比较干净和规整，没有丧失材料的原有用途和价值，更不是生产中的边角碎料、混杂料、污染料。对这类材料的废物属性的鉴别判断我们认为不宜过度从严，当没有显著的报废或废弃证据情况下或仍具有原材料固有利用价值的情况下可判断为产品。

（2）对进口再生塑料颗粒的管理建议

2014 年以来各地海关机构频繁查扣进口再生塑料颗粒，需要进行固体废物属性鉴别。对于这类初级加工产物的鉴别困惑是缺乏产品标准和废物专门鉴别标准，口岸海关机构认为 2014 年出台的再生塑料颗粒"三个一致"存在表述笼统、不好理解、难检验等不足（即进口货物颜色一致、颗粒大小和形状一致、包装一致，并满足塑料材料或产品的相关规范和标准要求，可以不按照固体废物监管，对于监管过程中如发现再生颗粒疑似固体废物，应按照固体废物属性鉴别结论进行管理）。

以下是笔者 2018 年对再生塑料颗粒的基本认识和建议❶，即便在当前出台了系列再生塑料颗粒国家标准的情况下，有些观点依然有积极借鉴意义，简介如下。

1）对再生塑料颗粒物质属性的基本认识

废塑料回收利用方法有直接再生利用、熔融再生利用、化学回收再生利

---

❶ 本部分内容来自于笔者 2018 年 7 月根据生态环境部的要求编写的相关参考材料。

塑料物品固体废物
特征分析与属性鉴别

用（含能量回收）等不同方式，其中熔融再生利用是废塑料加热熔融挤出塑化成再生塑料颗粒，由颗粒再成型为各种塑料制品的方法，行业人士认为是最值得提倡和优先考虑的方法。造粒基本原理是废塑料经粉碎后送入熔融装置，废塑料在其熔化温度范围内被熔化，再经挤压出条、冷却、切粒即获得二次颗粒，根据颗粒基本形态大体可分为 3 类加工方式：a. 拉条切粒的圆柱形颗粒；b. 磨面热切椭圆柱形、扁圆形颗粒；c. 水下切粒的椭圆柱形、椭圆形、球形颗粒（见图 2～图 10）。显然，造粒过程是通过专门设备有意识有目的的生产加工过程，再生塑料颗粒是加工获得的初级原材料，已经将废塑料产生、收集、分选、破碎与清洗等过程中的大部分污染物留在了境外，进境后可以直接生产塑料材料和制品。再生塑料颗粒总体上符合《固体废物鉴别标准　通则》（GB 34330—2017）中"目标产物"定义的内涵，原则上不应再作为固体废物管理，根据塑料成分不同，可分别归于海关商品编号 3901～3914 相应"初级形状"塑料材料项下。

2）对再生塑料颗粒"三个一致"的改进建议

2014 年海关总署监管司下了《监管司关于进一步明确再生塑料及有关废塑料监管问题的通知》（总署通知书 2014 第 1 号），即行业所称的"三个一致"，本意是大量减少再生塑料颗粒被怀疑为固体废物而采取的一项通关便利化措施。2018 年时笔者认为该文件仍可发挥作用，可改进为以下更清晰的要求：

图 2　蓝色圆柱形

图 3　圆柱形连粒

图 4　短圆柱形

图 5　黄灰色圆柱形

图 6　半透明椭圆柱形

图 7　浅黄色椭圆柱形

图 8　深蓝色扁圆形

图 9　白色椭圆形

图 10　乳白色球形

① 包装一致，即同批次报关进口的再生塑料颗粒包装袋的颜色、规格、材质、标识做到基本一致，并标明塑料颗粒的来源、主要成分和使用范围。

② 颜色一致，即同批次进口的再生塑料颗粒颜色基本一致，由废塑料自身颜色不一和加工温度影响所致，再生塑料颗粒很难做到如合成塑料颗粒新料一样颜色透亮、均匀和纯正，在回收废塑料融化造粒不加色母料的情况下，或多或少会存在色差不均现象，只要主体为同一色系下的色差，便可认为属于颜色基本一致。

③ 规格一致，即同批次进口的再生塑料颗粒形状、大小基本一致，可规定为95% 质量分数的塑料颗粒达到企业进口声明规格上的一致性，并且随机抽样中直径＜1mm 的颗粒和长径＞6mm 的颗粒的重量之和不超过随机抽样

塑料物品固体废物
特征分析与属性鉴别

总重量的 1%（但不包括声明在这规格之外的颗粒）。

④ 材质一致，即同批次进口的再生塑料颗粒树脂成分及其含量应基本一致，包括不同树脂成分的共聚或共混的改性塑料颗粒。

满足上述要求的分类装运和分类报关的再生塑料颗粒，口岸监管部门可减少对货物怀疑为固体废物的管理，可按照海关商品编号 3901 ～ 3914 项下的"初级形状"产品进行管理。当然，颜色不一致的情况下也不宜一刀切地都判断为固体废物。关键看颗粒规格、成分组成是否均匀，以及颗粒后续加工性能技术指标是否好，这 3 项都不错的话宜判断为非固体废物。

3）对进口再生塑料颗粒环境污染风险监管重点的建议

为了提高监管的有效性和效率，监管重点应放在可能造成环境污染风险和对人体健康最不利的方面，例如回收的不同来源、不同形状、不同成分、不同性质的明显属于混杂的塑料颗粒，明显含有各种杂物、污物的回收塑料颗粒，明显散发刺激性异味的塑料颗粒，含有显著无机或有机有害组分的塑料颗粒，有充分证据证明进境后加工利用性能很差的塑料颗粒等。

对怀疑为固体废物的再生塑料颗粒鉴别，在坚持《固体废物鉴别标准　通则》（GB 34330—2017）的准则前提下可掌握以下具体判断方法：

① 对具有明显废弃特征的塑料颗粒，适应固体废物法律定义的，可判断为固体废物。

② 确定再生塑料颗粒的化学成分，如果属于各种来源不同成分的混杂物的，可判断为固体废物。

③ 再生塑料颗粒中如果无机物成分含量远超过 15%，且不能说明合理性、其采购价格明显远低于市场同类产品的，通过技术性能验证其使用性能也很差的，可判断为的固体废物。

④ 进行必要的塑料树脂的加工性能指标实验，如果再生塑料颗粒的使用性能指标严重不符合相关替代产物标准要求的，可判断为固体废物。

⑤ 检测出重金属超出相关原料标准要求、散发有毒有害气体、放射性污染超标等环境和安全指标存在显著风险的，可判断为固体废物。

3　再生塑料产品标准

（1）概述

目前全球塑料年产量高达 4.05 亿吨，已累计生产 83 亿吨，我国塑料年产量 2019 年达 8184 万吨，产量和消费量均居世界第一。我国塑料工业从无到有，快速发展，涉及的合成树脂工业、塑料机械工业和塑料加工工业均是国民经济重要支柱产业。塑料快速发展和大量使用，废塑料急剧增加，塑料的回收再生是很好的可持续发展方式，2018年国内废塑料回收再生量达1830万吨，其中再生塑料1315万吨，再生聚酯纤维510万吨。

由于我国法律和政策调整，废塑料禁止进口，出现再生塑料颗粒进口量明显增加，但再生塑料颗粒这种进口货物尚无产品标准，其废物和产品属性不明确，使得口岸积压再生塑料颗粒货物无法进口。与此同时，国内生产的再生塑料颗粒的品质参差不齐，行业内无标准可依。因此，制定再生塑料颗粒的产品标准，对促进国内再生塑料行业高质量发展，精准打击洋垃圾入境提供参考依据。

根据国家标准化管理委员会、生态环境部和海关总署的部署，为加强对塑料可再生资源的回收利用与管理，防控废塑料对环境造成的危害，规范再生塑料的生产和贸易，促进行业高质量发展，启动了再生塑料产品系列国家标准的研制工作。

根据2019年塑料行业第三批国家标准制修订计划，先期立项再生塑料系列国家标准共8项，包括《塑料 再生塑料 第1部分：通则》，项目编号为20193320-T-606；《塑料 再生塑料 第2部分：聚乙烯（PE）材料》，项目编号为20193321-T-606；《塑料 再生塑料 第3部分：聚丙烯（PP）材料》，项目编号为20193322-T-606；《塑料 再生塑料 第5部分：丙烯腈-丁二烯-苯乙烯（ABS）材料》，项目编号为20193324-T-606；《塑料 再生塑料 第6部分：聚苯乙烯（PS）和抗冲击聚苯乙烯（PS-I）材料》，项目编号为20193323-T-606；《塑料 再生塑料 第7部分：聚碳酸酯（PC）材料》，项目编号为2019100241；《塑料 再生塑料 第8部分：聚酰胺（PA）材料》，项目编号为2019100242；《塑料 再生塑料 第9部分：聚对苯二甲酸乙二醇酯（PET）材料》，项目编号为2019100243。这8项标准已于2021年发布，并分别于2021年和2022年实施。加上其他4项正在编制的标准，如聚烯烃混合物、聚对苯二甲酸丁二醇酯（PBT）、聚氯乙烯（PVC）、聚甲基丙烯酸甲酯（PMMA）的标准，《塑料 再生塑料》（GB/T 40006）系列标准由12个标准构成，均由全国塑料标准化技术委员会（SAC/TC15）技术归口，见表1。

表1 再生塑料原料标准体系

序号	标准号	标准名称
1	GB/T 40006.1—2021	塑料 再生塑料 第1部分：通则
2	GB/T 40006.2—2021	塑料 再生塑料 第2部分：聚乙烯（PE）材料
3	GB/T 40006.3—2021	塑料 再生塑料 第3部分：聚丙烯（PP）材料

序号	标准号	标准名称
4	GB/T 40006.4	塑料 再生塑料 第4部分：聚烯烃混合物材料
5	GB/T 40006.5—2021	塑料 再生塑料 第5部分：丙烯腈-丁二烯-苯乙烯（ABS）材料
6	GB/T 40006.6—2021	塑料 再生塑料 第6部分：聚苯乙烯（PS）和抗冲击聚苯乙烯（PS-I）材料
7	GB/T 40006.7—2021	塑料 再生塑料 第7部分：聚碳酸酯（PC）材料
8	GB/T 40006.8—2021	塑料 再生塑料 第8部分：聚酰胺（PA）材料
9	GB/T 40006.9—2021	塑料 再生塑料 第9部分：聚对苯二甲酸乙二醇酯（PET）材料
10	GB/T 40006.10	塑料 再生塑料 第10部分：聚对苯二甲酸丁二醇酯（PBT）材料
11	GB/T 40006.11	塑料 再生塑料 第11部分：聚氯乙烯（PVC）材料
12	GB/T 40006.12	塑料 再生塑料 第12部分：聚甲基丙烯酸甲酯（PMMA）材料

2021年5月21日，国家市场监管总局和国家标准化管理委员会发布了《塑料 再生塑料》（GB/T 40006—2021）系列标准的第1、2、3部分，分别对应于再生塑料通则、再生聚乙烯（PE）和再生聚丙烯（PP）三项标准，实施日期为2021年12月1日；2021年10月11日，又发布了该系列国家标准的第5、6、7、8、9部分，分别对应再生丙烯腈-丁二烯-苯乙烯共聚物（ABS）、聚苯乙烯（PS）、聚碳酸酯（PC）、聚酰胺（PA）和聚对苯二甲酸乙二醇酯（PET）等塑料材质，实施日期为2022年5月1日。根据生态环境部的要求，中国环科院固体废物研究所参与到了这几个标准的编制工作中，提出了生态环境保护、口岸检验、口岸管理和固体废物属性鉴别等方面许多建议。《塑料 再生塑料》（GB/T 40006—2021）系列标准的出台，明确了各种再生塑料材质的技术要求以及检验方法，对规范进口再生塑料产品以及促进国内再生塑料行业高质量发展奠定了基础，引导企业加大生产设备投入和产品质量检验，符合这些标准技术要求的再生塑料已不再属于固体废物。这些标准对于口岸查扣的疑似废塑料的物品鉴别判断具有重要作用，成为判断禁止进口的废塑料和允许进口的再生塑料产品的分水岭。

（2）《塑料 再生塑料 第1部分：通则》（GB/T 40006.1—2021）内容摘要

1）范围

本文件适用于以废弃的热塑性塑料为原料，经筛选、分类、清洗、熔融挤出造粒（包含拉条、热切和/或水切等造粒工艺）等工艺制成的再生塑料颗粒，还适用于聚对苯二甲酸乙二醇酯（PET瓶片）。

明确规定不适用于来自医疗废物、农药包装等危险废物和放射性废物的再生塑料。

2）定义

再生塑料为利用废弃的塑料加工而成的用作原用途或其他用途的塑料，但不包括能量回收。从广义上讲，塑料的再生包括边角料或废弃制品的任何再利用，包括热解以回收有用的有机化学品。再生塑料可以再配或不配填料、增塑剂、稳定剂、颜料等。

3）技术要求

① 原料来源要求

原料不应来自医疗废物、农药包装等危险废物和放射性废物。

② 特殊用途要求

涉及产品如果用于食品、医疗、卫生等领域，需满足相关领域的要求。

③ 气味要求

应优先满足相关应用领域或其相应材料标准要求，如无相关要求，应小于或等于4级。气味等级分为1～6级，见表2。

表2 再生塑料产品气味等级

等级	评定要求
1级	无气味
2级	有气味，但无干扰、刺激性气味
3级	有明显气味，但无干扰、刺激性气味
4级	有干扰、刺激性气味
5级	有强烈干扰、刺激性气味
6级	有不能忍受的气味

④ 重金属限量要求

重金属含量应满足表3的要求。

表3 重金属含量要求

重金属物质	含量要求/%
铅（Pb）	≤0.1
汞（Hg）	≤0.1
镉（Cd）	≤0.01
六价铬[Cr（Ⅵ）]	≤0.1

⑤ 多溴联苯及其他有机物限量要求

多溴联苯及其他有机物含量应满足表4的要求。

表4 多溴联苯及其他有机物含量要求

有机有毒物质	含量要求 /%
多溴联苯（PBB）	≤ 0.1
多溴联苯醚（PBDE）	≤ 0.1
邻苯二甲酸二（2- 乙基己基）酯（DEHP）	≤ 0.1
邻苯二甲酸甲苯基丁酯（BBP）	≤ 0.1
邻苯二甲酸二丁基酯（DBP）	≤ 0.1
邻苯二甲酸二异丁酯（DIBP）	≤ 0.1

⑥ 放射性要求

产品的外照射贯穿辐射剂量率不超过所在地正常天然辐射本底值+25μGy/h。

⑦ 主体材料定性及其他要求

在 GB/T 40006—2021 的其他部分中予以规定，采用差式扫描量热法和红外光谱法进行基本成分的测试。

⑧ 可追溯性文件要求

再生塑料生产企业应建立产品追溯体系，保证再生塑料在各阶段的可追溯性。追溯体系应保证能够获得再生塑料的来源和去向信息，相关物质或材料的合规信息。可追溯性文件参考格式如表5所列。

表5 可追溯性文件参考格式

产品名称	
原材料来源[①]	
成分及含量范围[②]	
建议用途	
MSDS[③]	

① 主要说明所选择的原材料的种类（如电子电器、汽车、包装……）。
② 主要说明塑料成分、填充剂类别、阻燃剂类别、增韧剂类别等信息。
③ MSD 是化学品安全技术说明书。

（3）《塑料 再生塑料 第2部分：聚乙烯（PE）材料》（GB/T 40006.2—2021）内容摘要

本标准针对聚乙烯（PE）材料的特点，规定了 PE 再生塑料的特征性能，既考虑了原生 PE 材料的标准要求，又关注到再生 PE 材料的特性。

1）范围

本文件适用于以废弃的聚乙烯塑料为原料，经筛选、分类、清洗、熔融挤出造粒等工艺（包含拉条、热切和/或水切等造粒工艺）制成的聚乙烯再生塑料颗粒，该聚乙烯再生塑料的基体为 GB/T 1845.1 规定的所有乙烯均聚物以及其他 1-烯烃单体质量分数＜50% 和带官能团的非烯烃单体质量分数≤3% 的乙烯共聚物。

明确规定不适用于来自医疗废物、农药包装等危险废物和放射性废物的聚乙烯再生塑料，也不适用于聚乙烯和聚丙烯混合再生塑料。

2）一般要求

主体材料应为 PE，无杂质，无油污，颗粒大小应均匀，无明显色差。

3）主体材料成分定性

红外光谱图中应包含 PE 特征吸收峰。熔融温度范围一般为 102～136℃。

4）气味等级、限用物质含量和放射性物质

应符合 GB/T 40006.1—2021 通则标准中的相应要求。

5）性状及性能要求

对颗粒外观、灰分、水分、密度偏差、熔体质量流动速率、熔体质量流动速率变异系数、拉伸强度、拉伸断裂标称应变、拉伸断裂标称应变系数、氧化诱导时间等项目及控制指标予以规定，聚乙烯再生塑料的性状及性能要求见表6。

表6 聚乙烯再生塑料的性状和性能要求

性能指标项目	单位	PE-LD（REC）、PE-LLD（REC）、PE-MD（REC）（M_1[3]≤0.940g/cm³）	PE-HD（REC）（M_2[3]>0.940g/cm³）	PE（REC），X[1]（M_3[3]≤1.05g/cm³）
颗粒外观（大粒和小粒）	g/kg	≤ 40	≤ 40	≤ 40
灰分（600℃±25℃）	%	≤ 2	≤ 2	>2，≤ 5
水分[2]	%	≤ 0.2	≤ 0.2	≤ 0.2
密度偏差	g/cm³	± 0.005	± 0.005	± 0.005
熔体质量流动速率（MFR）（190℃，2.16kg 或 5kg 或 21.6kg）	g/10min	报告[4]	报告[4]	报告[4]
熔体质量流动速率（MFR）变异系数	%	≤ 20	≤ 20	≤ 20
拉伸强度	MPa	≥ 12	≥ 15	≥ 15
拉伸断裂标称应变	%	≥ 200	≥ 50	≥ 50

性能指标项目	单位	PE-LD（REC）、PE-LLD（REC）、PE-MD（REC）（$M_1{}^3 \leqslant 0.940g/cm^3$）	PE-HD（REC）（$M_2{}^3 >0.940g/cm^3$）	PE（REC），X[1]（$M_3{}^3 \leqslant 1.05g/cm^3$）
拉伸断裂标称应变系数	%	≥ 20	—	—
氧化诱导时间（OIT）（200℃）	min	报告④	报告④	报告④

① "X"，按 GB/T 40006.1—2021 命名，为含填料的聚乙烯再生塑料的灰分值，如：含 5% 的聚乙烯再生塑料，X 记为 5。

② 如果水分 >0.2%，可由供需双方协商解决。

③ M_1、M_2、M_3 分别为 PE-LD（REC）、PE-LLD（REC）、PE-MD（REC）和 PE-HD（REC）以及 PE（REC），X 为密度标称值。

④ "报告"，按样品测试数据报告结果。

（4）《塑料 再生塑料 第 3 部分：聚丙烯（PP）材料》（GB/T 40006.3—2021）内容摘要

本标准针对聚丙烯（PP）材料的特点，规定了 PP 再生塑料的特征性能，既考虑了原生 PP 材料的标准要求，又关注到再生 PP 材料的特性。

1）范围

本文件适用于以废弃的聚丙烯塑料为原料，经筛选、分类、清洗、熔融挤出造粒等工艺（包含拉条、热切和 / 或水切等造粒工艺）制成的聚丙烯再生塑料颗粒，该聚丙烯再生塑料的基体为 GB/T 2546.1 规定的所有丙烯均聚物以及其他 1- 烯烃单体质量分数＜ 50% 的丙烯共聚物以及上述聚合物质量分数 ≥ 50% 的共混物。

明确规定不适用于来自医疗废物、农药包装等危险废物和放射性废物的聚丙烯再生塑料。也不适用于聚乙烯和聚丙烯混合再生塑料。

2）一般要求

主体材料应为 PP，无杂质、无油污。颗粒大小应均匀，无明显色差。

3）主体材料成分定性

红外光谱图中应包含 PP 特征吸收峰。熔融温度范围一般为 126 ～ 169℃。

4）气味等级、限用物质含量和放射性物质

应符合 GB/T 40006.1—2021 通则标准中的相应要求。

5）性状及性能要求

对颗粒外观、灰分、密度偏差、熔体质量流动速率、熔体质量流动速率变异系数、拉伸强度、弯曲弹性模量、简支梁缺口冲击强度、氧化诱导时间等项目及控制指标予以规定，PP 再生塑料的性状及性能要求见表 7。

表 7　PP 再生塑料的性状和性能要求

性能指标项目	单位	PP（REC）	PP（REC），X[1]
颗粒外观（大粒和小粒）	g/kg	≤ 40	≤ 40
灰分（600℃ ±25℃）	%	≤ 2	>2，≤ 15
密度	g/cm³	M_1[2]	M_2[2]
密度偏差	g/cm³	± 0.005	± 0.005
熔体质量流动速率（MFR）（230℃，2.16kg）	g/10min	报告[3]	报告[3]
熔体质量流动速率（MFR）变异系数	%	≤ 20	≤ 20
拉伸强度	MPa	≥ 16	≥ 16
弯曲弹性模量	MPa	≥ 600	≥ 700
简支梁缺口冲击强度	kJ/m²	≥ 2.0	≥ 1.5
氧化诱导时间（OIT）（200℃）	min	报告[3]	报告[3]

① "X"，按 GB/T 40006.1—2021 命名，为含填料的 PP 再生塑料的灰分值，如：含 5% 的 PP 再生塑料，X 记为 5。

② M_1、M_2 分别为 PP（REC）、PP（REC），X 为密度标称值。

③ "报告"，按样品测试数据报告结果。

（5）《塑料　再生塑料　第 5 部分：丙烯腈 - 丁二烯 - 苯乙烯（ABS）材料》（GB/T 40006.5—2021）内容摘要

本标准针对丙烯腈 - 丁二烯 - 苯乙烯（ABS）材料的特点，规定了 ABS 再生塑料的特征性能，既考虑了原生 ABS 材料的标准要求，又关注到再生 ABS 材料的特性。

1）范围

本文件适用于以废弃的 ABS 塑料为原料，经筛选、分类、清洗、熔融挤出造粒等工艺（包含拉条、热切和 / 或水切等造粒工艺）制成的 ABS 再生塑料颗粒，该 ABS 再生塑料的基体为 GB/T 12672—2009 规定的，以苯乙烯和丙烯腈共聚物为连续相，与以聚丁二烯和按一定数量的其他组分为分散相组成的丙烯腈 - 丁二烯 - 苯乙烯树脂。

明确规定不适用于来自医疗废物、农药包装等危险废物和放射性废物的 ABS 再生塑料。也不适用于 ABS 和其他塑料材料再加工的混合塑料。

2）一般要求

主体材料应为 ABS，无杂质、无油污。颗粒大小应均匀，无明显色差。

塑料物品固体废物
特征分析与属性鉴别

3）主体材料成分定性

红外光谱图中应包含 ABS 特征吸收峰。玻璃化转变温度范围一般为 100 ～ 115℃。

4）气味等级

宜小于或等于 5 级。

5）限用物质含量和放射性物质规定

应符合 GB/T 40006.1—2021 通则标准中的相应要求。

6）性状及性能要求

对颗粒外观、灰分、密度、熔体质量流动速率、熔体质量流动速率变异系数、拉伸强度、悬臂梁缺口冲击强度等项目及控制指标予以规定。ABS 再生塑料的性状及性能要求见表 8。

表 8　ABS 再生塑料的性状和性能要求

性能指标项目		单位	合格品
颗粒外观（大粒和小粒）		g/kg	≤ 40
灰分（600℃ ±25℃）		%	≤ 5
密度	标称值	g/cm³	$M_1$①
	偏差		± 0.005
熔体质量流动速率（MFR）		g/10min	报告②
熔体质量流动速率（MFR）变异系数		%	≤ 20
拉伸强度		MPa	≥ 30
悬臂梁缺口冲击强度		kJ/m²	≥ 6.0

① M_1 为 ABS 再生塑料合格品密度的标称。
② 按样品测试数据报告结果。

（6）《塑料　再生塑料　第 6 部分：聚苯乙烯（PS）和抗冲击聚苯乙烯（PS-I）材料》（GB/T 40006.6—2021）内容摘要

本标准针对聚苯乙烯（PS）和抗冲击聚苯乙烯（PS-I）材料的特点，规定了聚苯乙烯（PS）和抗冲击聚苯乙烯（PS-I）再生塑料的特征性能，既考虑了原生聚苯乙烯（PS）和抗冲击聚苯乙烯（PS-I）材料的标准要求，又关注到再生聚苯乙烯（PS）和抗冲击聚苯乙烯（PS-I）材料的特性。

1）范围

本文件规定了聚苯乙烯（PS）和抗冲击聚苯乙烯（PS-I）再生塑料的分类与命名、要求、试验方法、检验规则、标志、包装、运输和贮存等。适用于以废弃的聚苯乙烯为原料，经筛选、分类、清洗、熔融挤出造粒等工艺（包含拉条、热切和/或水切等造粒工艺）制成的聚苯乙烯再生塑料颗粒。适用于以废弃的抗冲击聚苯乙烯为原料，经筛选、分类、清洗、熔融挤出造粒等工艺（包含拉条、热切和/或水切等造粒工艺）制成的抗冲击聚苯乙烯再生塑料颗粒。

明确规定不适用于来自医疗废物、农药包装等危险废物和放射性废物的再生塑料，也不适用于聚苯乙烯和其他树脂材料混合后加工制备的塑料，还不适用于抗冲击聚苯乙烯和其他树脂材料混合后加工制备的塑料。

2）聚苯乙烯再生塑料一般要求

① 聚苯乙烯再生塑料主体材料应为聚苯乙烯，无杂质、无油污，颗粒大小应均匀，无明显色差。

② 抗冲击聚苯乙烯再生塑料主体材料应为聚苯乙烯，无杂质、无油污，颗粒大小应均匀，无明显色差。

3）主体材料成分定性

聚苯乙烯典型红外谱图中应包含标准附录图 A.1. 谱图中再生塑料的特征吸收峰，聚苯乙烯玻璃化转变温度范围一般为 93 ～ 107℃。

抗冲击聚苯乙烯的典型红外谱图中应包含标准附录图 A.2 中再生塑料的特征吸收峰，抗冲击聚苯乙烯玻璃化转变温度（Tg）范围一般为 82 ～ 100℃。

4）气味等级、限用物质含量和放射性物质要求

应符合 GB/T 40006.1—2021 通则标准中的相应要求。

5）性状及性能要求

聚苯乙烯再生塑料的性状和性能要求见表 9，抗冲击聚苯乙烯（PS-I）再生塑料的性状和性能要求见表 10。

表9　聚苯乙烯再生塑料的性状和性能要求

性能指标项目		单位	PS（REC）	
			熔体质量流动速率 MFR ≤ 30g/10min	熔体质量流动速率 MFR>30g/10min
颗粒外观（大粒和小粒）		g/kg	≤ 150	≤ 150
灰分（600℃ ±25℃）		%	≤ 1	≤ 3
水分		%	≤ 1	≤ 1
密度	标称值	g/cm³	M_1[①]	M_2[①]
	偏差		± 0.005	± 0.006
熔体质量流动速率（MFR）变异系数		%	≤ 20	≤ 20
拉伸强度		MPa	≥ 18	—
维卡软化温度		℃	≥ 80	≥ 80

性能指标项目	单位	PS（REC）	
		熔体质量流动速率 MFR ≤ 30g/10min	熔体质量流动速率 MFR>30g/10min
残留苯乙烯单体含量	mg/kg	≤ 500	≤ 500

① M_1、M_2 为密度标称值。

表10　抗冲击聚苯乙烯（PS-I）再生塑料的性状和性能要求

性能指标项目		单位	性能要求	
			PS-I（REC）	PS-I（REC），X^2
颗粒外观（大粒和小粒）		g/kg	≤ 40	≤ 40
灰分（600℃ ±25℃）		%	≤ 2.5	>2.5，≤ 15
水分		%	≤ 1	≤ 1
密度	标称值	g/cm³	$M_1^{①}$	$M_2^{①}$
	偏差		± 0.005	± 0.005
熔体质量流动速率（MFR）		g/10min	$M_3^{①}$	$M_4^{①}$
熔体质量流动速率（MFR）变异系数		%	≤ 20	≤ 20
拉伸强度		MPa	≥ 17	≥ 17
简支梁缺口冲击强度		kJ/m²	≥ 4	≥ 3.5
维卡软化温度		℃	≥ 78	≥ 78
残留苯乙烯单体含量		mg/kg	≤ 500	≤ 500

① M_1、M_2 为密度标称值，M_3、M_4 为熔体质量流动速率标称值。

② X 按 GB/T 40006.1 命名，为含填料的 PS 再生塑料的灰分百分数，如 5%（质量分数）的 PS 再生塑料，X 记为 5。

（7）《塑料　再生塑料　第 7 部分：聚碳酸酯（PC）材料》（GB/T 40006.7—2021）内容摘要

本标准针对聚碳酸酯（PC）材料的特点，规定了 PC 特征性能，既考虑了原生 PC 材料的标准要求，又关注到再生 PC 材料的特性。

1）范围

本文件适用于以废弃的 PC 塑料为原料，经筛选、分类、清洗、熔融挤出造粒等工艺（包含拉条、热切和/或水切等造粒工艺）制成的 PC 再生塑料颗粒，该 PC 再生塑料的基体为 GB/T 35513.1 规定的含碳酸和芳香族二酚化合物的热塑性聚酯，聚酯可以是均聚物、共聚物或二者的混合物。

明确规定不适用于来自医疗废物、农药包装等危险废物和放射性废物的PC再生塑料。也不适用于PC和其他树脂材料的混合再生塑料。

2）一般要求

主体材料应为PC，无杂质、无油污。颗粒大小应均匀，无明显色差。

3）主体材料成分定性

红外光谱图中应包含PC的特征吸收峰。玻璃化转变温度（T_g）范围一般为136～155℃。

4）气味等级、重金属、放射性物质规定

应符合GB/T 40006.1—2021通则标准中的相应要求。

5）限用物质含量

限用物质含量中还对多溴联苯及其他有机物的限量进行了规定，总溴和总氯的含量见表11。PC再生塑料中双酚A的限量应满足其相关应用领域的需求。

表11　PC再生塑料的总溴含量和总氯含量

限用物质名称	单位	优级品	合格品
总溴含量	mg/kg	≤ 100	100～1000
总氯含量	mg/kg	≤ 100	100～1000

6）性状及性能要求

对颗粒外观、灰分、水分、密度、熔体质量流动速率、熔体质量流动速率变异系数、拉伸强度、拉伸断裂标称应变、弯曲强度、悬臂梁缺口冲击强度、负荷变形温度等项目及控制指标予以规定，见表12。

表12　PC再生塑料的性状及性能要求

性能指标项目	单位	PC（REC），X1[1]		PC（REC），X2[2]		PC（REC），X3[3]	
		优级品	合格品	优级品	合格品	优级品	合格品
颗粒外观（大粒和小粒）	g/kg	≤ 20	20～50	≤ 20	20～50	≤ 20	20～50
灰分	%	≤ 6		≤ 6		≤ 2	
水分	%	≤ 0.3	0.3～0.5	≤ 0.3	0.3～0.5	≤ 0.3	0.3～0.5
密度	%	1.18～1.24		1.18～1.24		1.18～1.22	
熔体质量流动速率（MFR）（300℃，1.2kg）	g/10min	报告[4]	报告[4]	报告[4]	报告[4]	报告[4]	报告[4]
熔体质量流动速率（MFR）变异系数	%	≤ 10	10～20	≤ 10	10～20	≤ 10	10～20
拉伸强度	MPa	>55	40～55	>55	40～55	>55	40～55

性能指标项目	单位	PC（REC），X1 [1]		PC（REC），X2 [2]		PC（REC），X3 [3]	
		优级品	合格品	优级品	合格品	优级品	合格品
拉伸断裂标称应变	%	≥ 30		≥ 20		≥ 2	
弯曲强度	MPa	>75	60 ~ 75	>80	60 ~ 80	>80	60 ~ 80
悬臂梁缺口冲击强度	kJ/m²	>50	30 ~ 50	>40	5 ~ 40	>5	1 ~ 5
负荷变形温度	℃	≥ 118		≥ 115		≥ 110	

① 按要求分类与命名，X1 为熔体质量流动速率（MFR）≤ 10g/10min。
② 按要求分类与命名，X2 为熔体质量流动速率（MFR）>10g/10min，≤ 35g/10min。
③ 按要求分类与命名，X3 为熔体质量流动速率（MFR）>35g/10min。
④ 按样品测试数据结果。

（8）《塑料 再生塑料 第 8 部分：聚酰胺（PA）材料》（GB/T 40006.8—2021）内容摘要

本标准针对聚酰胺（PA）材料的特点，规定了 PA 再生塑料的特征性能。

1）范围

本文件适用于以可回收的废弃的 PA 为原料，经熔融、挤出、造粒等工艺制成的产品。

明确规定不适用于来自医疗废物、农药包装等危险废物和放射性废物的 PA 再生塑料。也不适用于再生改性 PA 材料。

2）原料来源、特殊用途、限用物质、放射性要求

应符合 GB/T 40006.1—2021 通则标准中的相关要求。

3）气味

不应有强烈的刺激性气味。有争议时，按标准中 6.4 给出的方法进行检测，气味等级应小于或等于 4.5 级。

4）主体材料成分定性

应为 PA。若回收料来源能细分出 PA 类别，则不同类别回收料不宜混用。

5）产品外观

产品为颗粒状，应无可见杂质，无油污。产品颗粒之间颜色一致或同一色系。不同颜色的颗粒不应混合。

6）基本性能

对大粒和小粒、含水量、灰分偏差、密度偏差、相对黏度偏差等项目及控制指标予以规定，再生 PA 应符合表 13 的要求。

表13 再生 PA 的基本性能要求

性能指标项目	单位	要求
大粒和小粒	g/kg	≤ 50
含水量	%	≤ 1.0
灰分偏差	%	±2
密度偏差	g/cm³	±0.02
相对黏度偏差		±0.1

（9）《塑料 再生塑料 第9部分：聚对苯二甲酸乙二醇酯（PET）材料》（GB/T 40006.9—2021）内容摘要

本标准针对聚对苯二甲酸乙二醇酯（PET）材料的特点，规定了 PET 再生塑料的特征性能，既考虑了原生 PET 材料的标准要求，又关注到再生 PET 材料的特性。

1）范围

本文件适用于以 PET 塑料包装瓶为原料，经粉碎、筛选、分类、清洗获得的片状再生 PET 塑料材料（简称瓶片），或以 PET 塑料包装瓶和 / 或其他 PET 制品再经熔融挤出造粒制成的颗粒状 PET 再生塑料材料（简称粒料或切片）。

明确规定不适用于来自医疗废物、农药包装等危险废物和放射性污染物的再生塑料，也不适用于 PET 和其他塑料材料再加工的混合塑料。

2）定义

① 异状切片。长度≥正常切片的4倍，厚度、宽度或直径≥正常切片的2倍，小于常规颗粒（或规定尺寸）1/4；以及非规整性状的聚酯切片（PET）。

② 过网率。通过 16mm×16mm 金属丝网网孔的 PET 再生塑料瓶片的质量与瓶片总质量的百分比，为无量纲的量。

③ 粉末。通过网孔尺寸为 833μm 试验筛的碎屑。

④ 聚氯乙烯含量。PET 再生塑料瓶片中聚氯乙烯（PVC）杂质的量。

⑤ 聚烯烃含量。PET 再生塑料瓶片中聚烯烃（PO）杂质的量。

⑥ 非 PET 物质残留量。PET 再生塑料瓶片中残留的非 PET 物质的量。

3）一般要求

主体材料成分应为 PET，应无杂质、无油污。PET 瓶片或粒料（切片）大小应均匀，无明显色差。

4）气味等级、限用物质含量和放射性物质规定

应符合 GB/T 40006.1—2021 通则标准中的相关要求。

5）性状及性能要求

对外观、特性黏度、聚氯乙烯（PVC）含量、聚烯烃含量、非 PET 物质残留量、水分、堆积密度、熔融温度、灰分、二甘醇含量、乙醛含量、二氧化钛含量、锑含量等项目及控制指标予以规定，应符合表 14 的要求。

表 14　PET 再生塑料的性状和性能要求

性能指标项目		单位	瓶片（纤维用 / 非纤维用）		粒料（纤维用）	粒料（非纤维用）
			优等品	合格品	合格品	
外观	异状切片（质量分数）	%	—		≤ 0.6	
	过网率（16mm×16mm）	%	≥ 95		—	
	粉末含量	mg/kg	≤ 1000	≤ 2500	≤ 150	≤ 600
特性黏度[①]		dL/g	≥ 0.72	≥ 0.63	≥ 0.5	
聚氯乙烯（PVC）含量		mg/kg	≤ 50	≤ 300	—	
聚烯烃含量		mg/kg	≤ 50	≤ 300	—	
非 PET 物质残留量		mg/kg	≤ 50	≤ 400	—	
水分（质量分数）		%	≤ 0.6			
堆积密度		kg/m³	≥ 180		—	
熔融温度[②]		℃	240 ~ 255		235 ~ 255	
灰分（质量分数）		%	≤ 0.1		≤ 1	≤ 4
二甘醇含量（质量分数）		%	≤ 1.6	≤ 1.8	≤ 1.8	—
乙醛含量		mg/kg	≤ 5.0		≤ 10	
二氧化钛含量[③]（质量分数）		%	报告			
锑含量		mg/kg	≤ 260			

① 产品特性黏度标称值。
② 产品熔点标称值。
③ 仅消光级。

四、塑料物品固体废物属性鉴别简要总结

1　废塑料的鉴别

废塑料的鉴别结论与政策要求有着一定的关系，主要是要适应塑料物品鉴别当时的进口废物管理政策，随着管理要求的变化而变化：一是固体废物鉴别标准的变化，2006 年 4 月起施行的《固体废物鉴别导则（试行）》是固体废物鉴别判断的依据，直至 2017 年 10 月 1 日起被《固体废物鉴别标准　通则》（GB 34330—2017）替代，鉴别标准成为固体废物鉴别判断新依据，从鉴别导则到鉴别标准的变化体现了鉴别工作的规范性及鉴别判断依据的重要性均越来越强；二是废塑料管理政策的变化，如废塑料类别的不同有不同的管理要求，不同废物管理目录中的废物有不同的管理要求，不同时期的鉴别案例会根据当时的政策及标准做出判断，但无论鉴别标准和进口废物管理目录怎样变化，面对被查扣的塑料物品的鉴别都应坚持物质产生来源的基本方法，查找废弃特征后推导出废弃的原因和产生过程。

以下是非工业来源和工业来源废塑料的基本分类，在塑料物品鉴别过程中具有参考作用。

（1）非工业来源废塑料（包括生活来源废塑料）

主要包括以下来源的废塑料（但不限于）：

① 从居民家中收集的废塑料，包括塑料袋、膜、瓶、桶、板、盆、网、壶、罐、绳、杯、盘、箱、框、玩具等；

② 从生活垃圾或城市垃圾中分拣、回收的废塑料，包括简单分类后的废塑料；

③ 来自工业、交通运输、商业中心、商店超市、农贸市场、旅游、农业、餐饮业、医疗机构、办公场所、机场、车站、港口码头、学校、科研院所等场所或活动过程中产生的消费者使用后的废塑料（生活废塑料）；

④ 垃圾收运中转站、焚烧厂、填埋场、堆放场等固体废物处理处置场所产生和收集废塑料；

⑤ 消费使用后的特定塑料包装或材料，例如 PET 饮料瓶、塑料桶、塑料

油壶、PP 吨袋、废光盘、复合包装废物、木塑复合板材、橡塑复合板材、笔芯笔管等；

⑥ 超市、库房、运输等使用过的废弃塑料周转箱、托盘、卡板及其破碎料；

⑦ 来自装饰、装修、装潢、装帧等过程产生的废塑料；

⑧ 防风、防雨、防寒、增强光照等使用过的覆盖膜；

⑨ 未经压缩处理的废发泡塑料或用于包装填充的塑料缓冲材料碎料；

⑩ 使用过的厚度 < 0.025mm 的超薄塑料膜，如缠绕膜、保鲜膜等；

⑪ 回收掺混无机填料（如 $CaCO_3$）超过 15% 以上的塑料制品废料及其破碎料；

⑫ 回收使用过的地板革、鞋底料、塑料壁纸等；

⑬ 其他可按照非工业来源废塑料管理的废塑料，如盛装过农药、除草剂、医药、化学试剂、涂料、化妆品、洗发水等化学品的废塑料瓶和塑料容器等，当然这里面可能包含属于危险废物的废塑料；

⑭ 上述多种来源的混合废塑料（属于工业危险废物的除外），包括热固性塑料。

（2）工业来源废塑料

主要包括以下来源的废塑料（但不限于）：

① 塑料原材料生产（包括树脂合成、树脂改性、片材加工、粉状和粒状塑料加工、管材加工等）中的热塑性下脚料、边角碎料和残次品。例如，塑料合成加工中产生的显著不合格原料，车间回收的落地料，机头机尾料，产品牌号切换过程中剩余料，生产中的瓶坯料、水口料、严重不合格的卷膜等。

② 塑料制品加工过程的热塑性下脚料、边角碎料和残次品，以及不能按原生产设计用途使用或经切割、破坏处理的塑料制品。例如，裁切产生的边角碎料，残次报废品，检验有严重缺陷的不合格塑料制品，被沾染的不适合作为产品销售的废塑料。

③ 塑料原材料和塑料制品在搬运、转移、贮存、运输过程中产生的需要回收处理的各种废塑料及其混合物。例如，库存失效的塑料制品混合物，长期积压已转变成废塑料的塑料卷筒（废弃特征明显）、未使用过的成捆废塑料袋，搬运、转移过程的破损塑料，不能按原设计用途使用或经切割、破坏处理的塑料制品等。

④ 由回收废塑料经过工业企业加工处理后仍属于废塑料的物质。例如，严重掺杂且不同形状组成的混合再生塑料颗粒，性能指标严重不满足塑料加工性能要求的再生塑料颗粒，由废塑料加工处理得到的碎片 / 碎料（不作为废物管理的除外），未使用过的单一塑料成分组成的废丝、废纤维（如 PET 等，建议这类货物应单独报关，以便与禁止进口的废纤维相区别），进口由回收聚合

物初步加工的泡泡料（如 PET 泡料等），回收的混合树脂成分和无机物构成的粉末等；

⑤ 来自工厂内部产生的或商业包装中使用的（未经过消费者使用的）有明显脏污和夹杂物的废发泡塑料（EPS，即使经过压缩处理）；

⑥ 农业生产中的回收地膜、大棚膜、黑白相间薄膜、灌溉软管、滴灌硬管等；

⑦ 建构筑物拆除过程中产生的废塑料；

⑧ 回收电器电子废弃产品的塑料外壳及其破碎料的混合废塑料（如 ABS/丙烯腈 - 丁二烯 - 苯乙烯共聚物、PC/ 聚碳酸酯、PC/ABS、PPO/ 聚苯醚、POM/ 聚甲醛）；

⑨ 报废车船拆解产生的混合废塑料；

⑩ 各类热固性废塑料及含热固性塑料的混合物；

⑪ 工业生产过程中的属于危险废物的塑料包装容器；

⑫ 可以参照工业来源管理的废塑料，例如来源过程单一、成分单一的批量回收的有一定脏污特征的废塑料等。

2　再生塑料产品的鉴别

2021 年国家市场监管总局分两批次已经发布了 8 项 GB/T 40006 再生塑料产品国家标准，还有几项再生塑料产品国家标准待发布。在今后的鉴别过程中遇到再生塑料物品的鉴别首先应以这些产品标准为衡量标尺，样品特征特性分析应立足于国家标准中规定的指标项和相应的检验方法，关键指标符合标准要求的应判断为产品，关键指标或多项指标明显不符合标准要求的，应从严要求鉴别判断为禁止进口的固体废物。

再生塑料产品标准主要针对的是再生塑料颗粒，对不属于再生塑料产品标准中的塑料物品的鉴别，坚持产生来源的鉴别方法非常重要，查扣的塑料物品并非都属于固体废物，如果鉴别物品规整、干净、不混杂，并且没有丧失物品的原有利用价值，或者材料的基本性能依然适合作为原有用途的话，应鉴别判断为非固体废物。

3　巩固打击洋垃圾入境工作的成效

① 加大监管力度，通过强化固体废物属性鉴别等手段管控谎报、瞒报、

伪报进口废塑料风险，通过开展打击洋垃圾走私行动、重点查办废塑料走私案件等方式重拳出击严惩违法行为。

② 补齐监管方面的技术标准短板，健全再生塑料标准体系，例如目前的再生塑料产品标准主要是塑料颗粒，还有一些规整的大片材、塑料卷等有瑕疵的原材料没有可适用的产品标准，对这部分材料显然不宜都按固体废物来管理，应该建立简明好用的判断规则，或者从监管政策上予以明确。

③ 应加强对塑料物品鉴别技术要求方面的宣传和培训力度，将国家法律、政策、标准的新要求明确告诉相关企业和监管者，避免企业由于踩踏国家法律红线而遭受巨大损失。

④ 加大对国内集散地及"散乱污"企业污染防治的监督管理，建设废塑料污染防治一体化信息管理系统，全过程监管企业产排污行为。

总之，通过这些措施巩固打击洋垃圾入境的工作成效，持续保持进口废塑料清零的状态。

参考文献

[1] 周炳炎，于泓锦，赵彤，等. 阻止洋垃圾入境仍在征途 [M]. 北京：中国环境出版集团，2019，6：71-75.

[2] 方胜杰. 中国塑料再生行业发展现状及未来展望 [J]. 中国石油和化工经济分析，2019（04）：31-34.

[3] 徐海云. 认清塑料污染问题 寻找解决塑料污染的途径 [J]. 中国环保产业，2020（10）：6-12.

[4] 李晓，崔燕，刘强. 我国废塑料回收行业现状浅析 [J]. 中国资源综合利用，2018，36（12）：99-102.

[5] 柯敏静. 中国废塑料回收和再生之市场研究（下）[J]. 塑料包装，2018，28（04）：34-41.

[6] 中国再生塑料行业发展报告（2020—2021）.

[7] 赵娟. 废塑料回收利用的研究进展 [J]. 现代塑料加工应用，2020，32（04）：60-63.

[8] 周炳炎，于泓锦. 固体废物管理与行业发展 [M]. 北京：中国环境出版社，2017，9：84-90.

[9] 黄兴元，乐建晶，柳和生，等. 废旧塑料再生造粒工艺浅析 [J]. 工程塑料应用，2015，43（04）：134-138.

[10] 田宇，于丽娜，田祎，等. 我国废塑料进口现状分析及管理建议 [J]. 现代化工，2018，38（12）：1-3.

[11] 程颖越. 中国废塑料进口禁令的相关贸易及经济影响 [J]. 湖北经济学院学报（人文社会科学版），2020，17（01）：31-34.

[12] 马相奎. 废塑料污染问题带给我国的影响 [J]. 中小企业管理与科技（下旬刊），2019（06）：95-96.

[13] 许建林，龚益飞，周友泉. 入境废塑料加工处理对水环境的影响研究 [J]. 浙江万里学院学

报，2008，21（03）：95-98.

[14] 赵丕华，黄佳礼，陶英，等. 进口废旧物品中病原微生物污染状况的研究 [J]. 中国国境卫生检疫杂志，2005，28（增）：51-53.

[15] 黄鹏，潘德观，张文，等. 入境集装箱装载废旧物品携带医学媒介生物及卫生状况分析 [J]. 中国国境卫生检疫杂志，2003，26（增刊）：37-39.

[16] 李金有，李西标，王林，等. 进口废旧物品携带微生物状况初步研究 [J]. 中国国境卫生检疫杂志，2011，34（01）：40-42.

[17] 伊怀文，黄吉城，李小波，等. 广东口岸入境废物原料病原微生物污染状况调查 [J]. 中国卫生检验杂志，2011（6）：1509-1511.

[18] 裘炯良，孙志，王军，等. 宁波口岸入境可回收废物原料携带外来医学媒介生物的风险评估 [J]. 中华卫生杀虫药械，2015，21（06）：587-591.

[19] 翁建庆，刘刚，焦璞，等. 进口废塑料环境保护管理研究 [J]. 中国环境管理，2013，5（01）：22-26.

[20] Zhigui He, Guiying Li, Jiangyao Chen, et al. Pollution characteristics and health risk assessment of volatile organic compounds emitted from different plastic solid waste recycling workshops[J]. Environment International, 2015, 77.

[21] Mayani A, Barel S, Soback S, et al. Dioxin concentrations Human Reproduction, 1997, 12（2）：373-375.

[22] Åke Bergman, Jerrold J. Heindel, Susan Jobling, et al. State of the science of endocrine disrupting chemicals 2012. the United in women with endometriosis. Nations Environment Programme（UNEP）and World Health Organization.

[23] 佚名. 废塑料回收利用或终结填埋焚烧时代 [J]. 塑料科技，2014，42（06）：116.

[24] 王娟丽，李丽萍，卢耀贵，等. 塑料废品回收与再生加工地区儿童健康的影响因素 [J]. 中华劳动卫生职业病杂志，2014，32（9）：690-692.

[25] Rusyn I, Peters J M, Cunningham M L. Modes of action and species-specific effects of di-（2-ethylhexyl）phthalate in the liver[J]. Critical Reviews in Toxicology, 2006, 36（5）：459-479.

[26] 谢莉. 广东省某医疗垃圾焚烧厂周边环境分析与评价 [D]. 长沙：湖南农业大学，2013.

[27] 环境保护部. 国家污染物环境健康风险名录. 化学. 第 1 分册 [M]. 北京：中国环境科学出版社，2009.

[28] 陆少游，龚诗涵，袁晶，等. 我国某塑料垃圾拆解地周边居民多环芳烃内暴露水平调查 [J]. 环境化学，2012，31（05）：593-598.

[29] K. Pivnenko, M. K. Eriksen, J. A. Martín Fernández, et al. Recycling of plastic waste：Presence of phthalates in plastics from households and industry[J]. Waste Management, 2016, 54.

[30] Cobellis L, Latini G, De Felice C, et al. High plasma concentrations of di-（2-ethylhexyl）-phthalate in women with endometriosis. Human Reproduction, 2003, 18（7）：1512-1515.

[31] Reddy BS, Rozati R, Reddy BV, et al. Association of phthalate esters with endometriosis in Indian women. BJOG, 2006, 113（5）：515-520.

[32] 张莉娜. 广东某地垃圾焚烧厂周围大气中二噁英类污染物测定及环境行为研究 [D]. 成都：成都理工大学，2012.

塑料物品固体废物
特征分析与属性鉴别

鉴别为非固体
废物的案例

一、灰绿色聚乙烯（PE）再生塑料颗粒

1　前言

2019 年 4 月，某海关委托中国环科院固体废物研究所对其查扣的一票"LLDPE 再生颗粒"货物样品进行固体废物属性鉴别，需要确定是否属于固体废物。

2　样品特征及特性分析

① 样品为灰绿色圆柱状颗粒，明显有粘连颗粒，部分出现 2 ～ 4 粒粘连（以 2 粒连粒为主），偶尔有细长条状，连粒质量占比为 45.3%，在 600℃下灼烧样品测其灰分含量为 0.5%，样品外观状态见图 1；用孔径为 2mm、2.5mm、5mm 的筛子筛分样品，样品颗粒范围结果见表 1。

图 1　样品

表 1　样品颗粒筛分重量比

样筛孔径	筛下颗粒物质量占比 /%	筛上颗粒物质量占比 /%
2mm	0.7	99.3
2.5mm	17.1	82.9
5mm	98.2	1.8

塑料物品固体废物
特征分析与属性鉴别

② 采用傅里叶变换红外光谱仪（FTIR）及差示扫描量热分析仪（DSC）对样品成分进行分析，主要成分为聚乙烯（PE），可能含微量乙烯 - 醋酸乙烯共聚物（EVA），红外光谱图见图 2，DSC 图见图 3。

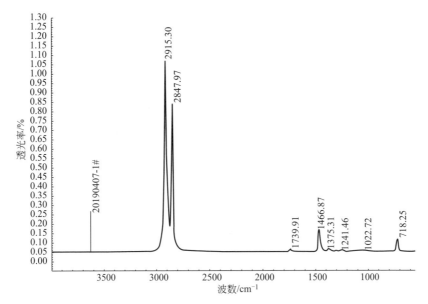

图 2　样品红外光谱图

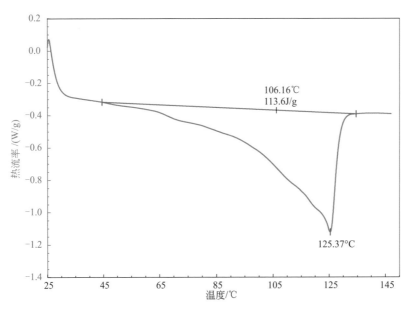

图 3　样品差示扫描量热图（DSC 图）

③ 样品主体成分为 PE，参照《聚乙烯（PE）树脂》（GB/T 11115—2009）中规定的方法对制备的样条进行主要性能指标分析，实验结果见表 2，由样品制作的样条及拉伸后的样条外观状态见图 4。

表 2　样品性能测试结果

性能指标项目	单位	样品结果	检测方法	标准要求[1]（PE-L，FB，18D010[2]）	单项判断
熔体质量流动速率（190℃，2.16kg）	g/10min	1.398	GB/T 3682—2000	1.0±0.5	符合
拉伸屈服强度	MPa	14.57	GB/T 1040—2006	—	—
拉伸断裂强度	MPa	13.71	GB/T 1040—2006	≥ 12.0	符合
拉伸断裂标称应变	%	598.91	GB/T 1040—2006	≥ 250	符合
密度	g/cm^3	0.92	GB/T 1033—2008	0.918±0.004	符合

① 选择《聚乙烯（PE）树脂》（GB/T 11115—2009）标准中熔体流动速率与样品 MFR 相近的树脂类型进行比较。

② 代表《聚乙烯（PE）树脂》（GB/T 11115—2009）中挤出薄膜类 PE 树脂。

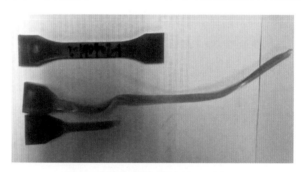

图 4　样品的样条拉伸前后对比图

3　样品物质属性鉴别分析

聚乙烯（PE）是以乙烯为单体经多种工艺方法生产的一类具有多种结构和性能的通用热塑性树脂[1]。PE 的工业化生产是从低密度聚乙烯（LDPE）开始的，其密度为 0.91 ～ 0.93g/cm^3，分子中存在许多短支链结构，具有良好的柔软性、延伸性、耐低温、耐化学药品性、低透水性、加工性和优异的电性能，耐热性能不如高密度聚乙烯（HDPE）。HDPE 是通用树脂中最重要的品种之一，密度为 0.94 ～ 0.97g/cm^3，分子链为线形结构，具有良好的耐热、耐寒、介电、加工性，化学性质稳定、低透水性，机械性能、耐热等性能优于LDPE。为了减少资源浪费，提高塑料原料的采用率，解决原料市场需求短缺的问题，大多数废塑料制品基本都可以造粒再生。正常合成的PE手感较滑腻，未着色时呈半透明状、乳白色，柔而韧[2]。根据对国内废塑料利用工厂的调研，再生塑料颗粒与原生合成塑料颗粒显著区别之一是颜色，再生塑料颗粒的颜色往往较深发暗，因为大多数情况下添加了色素成分（掩盖回收塑料的不均匀，有美观作用）和其他物质，即便不加色素，回收的单一白色PE薄膜加工的塑料颗粒也呈灰白色。

废塑料造粒基本原理是经预处理后送入熔融装置，在其熔化温度范围内被熔化，经挤压造粒、冷却、切粒即获得二次母粒，有3种颗粒加工方式：a. 拉条切粒的圆柱形颗粒；b. 磨面热切椭圆柱形、扁圆形颗粒；c. 水下切粒的椭圆柱形、椭圆形、球形颗粒。

样品外观颜色与合成塑料颗粒产品颜色纯正无杂的特点不符，符合再生塑料颗粒颜色特征；测定样品的主要成分为PE，样品600℃灼烧后灰分含量为0.5%，证明样品中添加或含有少量的无机物，样品不是来自合成生产中的PE塑料颗粒，为再生塑料颗粒；样品密度符合《聚乙烯（PE）树脂》（GB/T 11115—2009）中挤出薄膜类PE树脂技术要求的密度为0.91～0.92g/cm^3；样品熔体流动速率、拉伸断裂强度、拉伸断裂标称应变均符合挤出薄膜类PE树脂技术要求中相应技术指标，表明样品具有良好的加工性能。

样品颗粒大小整体较为均匀，粒径＞2mm的颗粒质量占比99.3%，满足《进口再生塑料颗粒固体废物属性快速检验鉴别方法（试行）》中样品颗粒＞0.83mm的占比95%以上的要求；根据《热塑性塑料颗粒外观试验方法》（SH/T 1541—2006）中大粒（任意方向尺寸＞5mm的粒子，包括连粒）、小粒（任意方向尺寸＜2mm的粒子，包括碎屑和碎粒）的定义要求，样品大粒和小粒含量分别为1.8%和0.7%；样品中虽有粘连颗粒，但是尺寸＜5mm的颗粒占比达到98%，表明大部分粘连颗粒也未达到大粒颗粒尺寸的限制要求，仍在塑料颗粒正常尺寸范围内；对于塑料颗粒加工工艺条件控制而言，产生少许连粒是生产加工中的一种存在现象，尤其一次挤出多根拉丝、甚至数十根的加工生产难以避免。针对这种现象咨询行业专家，认为只要粘连颗粒对材料加工性能不造成影响就行；在我们调研相关合成塑料颗粒生产制品过程中，也能清晰地发现存在连粒、大粒的情况，车间工人并不需要刻意挑出来，认为不影响制品生产和产品质量，原料自身会均一化，因此出现连粒并不是问题的关键，应看连粒或颗粒能不能一同进入到塑料制品下一道生产工序。

总之，鉴别样品是由回收的废PE树脂经过清洗、破碎、混匀、共熔、拉丝、切粒而形成的产物，属于废塑料原料经加工而成的再生塑料颗粒，塑料颗粒整体上仍然呈规整状态，实验结果表明样品具有良好的加工性能。

4　结论

样品是废塑料加工而成的再生塑料颗粒，是有意生产的，是为满足市场需求而制造的，必要的实验数据证明具有良好的加工利用性能，可以满足《聚乙烯（PE）树脂》（GB/T 11115—2009）标准中挤出薄膜类 PE 指标的要求，根据《固体废物鉴别标准　通则》（GB 34330—2017）第 5.2a 条的准则，再结合我国废塑料的加工利用状况，判断鉴别样品不属于固体废物，为 PE 再生塑料颗粒产品。

参考文献

[1] 廖明义，陈平. 高分子合成材料学（下）[M]. 北京：化学工业出版社，2005.
[2] 陈占勋. 废旧高分子材料资源及综合利用 [M]. 北京：化学工业出版社，1997.

塑料物品固体废物
特征分析与属性鉴别

二、灰黄色聚乙烯（PE）再生塑料颗粒

1 前言

2019 年 4 月，某海关委托中国环科院固体废物研究所对其查扣的一票"线型低密度聚乙烯再生颗粒"货物样品进行固体废物属性鉴别，需要确定是否属于固体废物。

2 样品特征及特性分析

① 样品为灰黄色圆柱状颗粒，有粘连颗粒，在 600℃下灼烧样品测其灰分为 0.4%，样品外观状态见图 1；样品粘连颗粒中以 2 粒为主，质量占比为 37.89%；用孔径为 2mm、5mm 的样筛筛分样品，筛分结果见表 1，筛分后的颗粒见图 2。

图 1 样品

图 2 筛分出的粒径 > 5mm 及 < 2mm 的颗粒

表 1 样品颗粒筛分质量百分比

样筛孔径	筛下颗粒质量百分比 /%	筛上颗粒质量百分比 /%
2mm	7.2	92.8
5mm	99.8	0.2

② 采用傅里叶变换红外光谱仪（FTIR）及差示扫描量热分析仪（DSC）

对样品进行成分分析，主要为聚乙烯（PE），含低密度聚乙烯和线性低密度聚乙烯（另含少量聚二甲基硅氧烷），红外光谱图见图 3，DSC 曲线图见图 4。

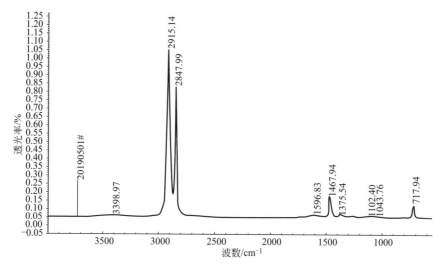

图 3　样品红外光谱图

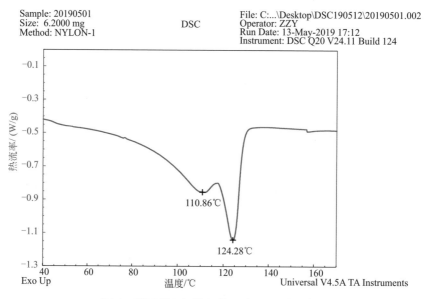

图 4　样品差示扫描量热图（DSC 曲线图）

③ 样品主体成分为 PE，参照《聚乙烯（PE）树脂》（GB/T 11115—2009）中规定的分析方法对制作的样条进行性能分析，实验结果见表 2，样条及拉伸后的样条外观对比见图 5。

塑料物品固体废物
特征分析与属性鉴别

表 2 样品性能测试结果

性能指标项目	单位	样品实验结果	检测方法	标准要求[1]（PE-L，FB，18D010[2]）
熔体质量流动速率（190℃，2.16kg）	g/10min	1.39	GB/T 3682—2000	1.0±0.5
拉伸屈服强度	MPa	15.97	GB/T 1040—2006	—
拉伸断裂强度	MPa	15.33	GB/T 1040—2006	≥ 12.0
拉伸断裂标称应变	%	820.63	GB/T 1040—2006	≥ 250
密度	g/cm³	0.92	GB/T 1033—2008	0.918±0.004

① 选择《聚乙烯（PE）树脂》（GB/T 11115—2009）标准中熔体流动速率与样品 MFR 相近的树脂类型进行比较。

② 代表《聚乙烯（PE）树脂》（GB/T 11115—2009）中挤出薄膜类 PE 树脂。

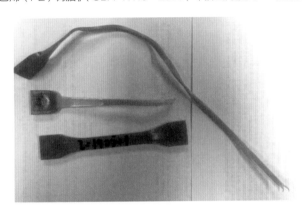

图 5　制作的样条拉伸前后对比图

3　样品物质属性鉴别分析

样品外观颜色与合成塑料颗粒产品颜色纯正无杂的特点不符，符合再生塑料颗粒颜色特征；样品的主要成分为 PE，600℃灼烧后灰分含量约 0.4%，证明样品中添加了少量无机物，应为 PE 再生塑料颗粒；样品密度符合《聚乙烯（PE）树脂》（GB/T 11115—2009）中挤出薄膜类 PE 树脂技术要求的密度为 0.91 ～ 0.92g/cm³；样品熔体流动速率、拉伸断裂强度、拉伸断裂标称应变均符合挤出薄膜类 PE 树脂技术要求中相应指标。

样品颗粒整体上较为均匀，根据《热塑性塑料颗粒外观试验方法》（SH/T 1541—2006）中大粒（任意方向尺寸＞5mm 的粒子）、小粒（任意方向尺寸＜2mm 的粒子）的定义要求，样品大、小粒颗粒分别为 0.2%、7.2%；样品中虽含有连粒颗粒，但 92% 以上颗粒（含连粒）在 2 ～ 5mm 之间；对于再生塑料颗粒加工工艺条件控制而言，连粒的产生是生产加工中的常见现象，尤其一次挤出拉丝数十根的加工生产难以完全避免，虽然样品中有部分粘连颗粒，但整体上仍表现出较好的均匀性，经咨询专家，认为样品颗粒粘连对材料加工性能不造成影响。在调研河北某企业采用合成塑料颗粒生产电缆、塑料大桶的产品过程中，也能清晰地发现树脂原料中存在连粒的情况，车间工人并不需要刻意挑出来，认为不影响制品生产和产品质量。

总之，鉴别样品是由回收的废 PE 树脂经过清洗、破碎、混匀、共熔、拉丝、切粒而形成的产物，属于废塑料加工的再生塑料颗粒。

4 结论

样品是由废塑料加工而成的再生塑料颗粒，为 PE 颗粒，整体上呈现规整状态，是有意生产的，是为满足市场需求而制造的，具有良好的加工利用性能，可以满足《聚乙烯（PE）树脂》（GB/T 11115—2009）标准中挤出薄膜类 PE 指标的要求，根据《固体废物鉴别标准 通则》（GB 34330—2017）第 5.2a 条的准则，再结合我国废塑料的加工利用状况，判断鉴别样品不属于固体废物，是 PE 再生塑料颗粒产品。

塑料物品固体废物
特征分析与属性鉴别

三、黑色聚乙烯（PE）再生塑料颗粒

1 前言

2019 年 1 月，某海关委托中国环科院固体废物研究所对其查扣的一票"疑似 PE 再生颗粒"货物样品进行固体废物属性鉴别，需要确定是否属于固体废物。

2 样品特征及特性分析

① 样品为黑色椭圆柱颗粒，形状基本均匀，偶尔发现有粘连颗粒，有一定非刺激性气味，600℃下灼烧样品测定灰分含量为 1.6%，样品外观状态见图 1。

图1　**样品**

② 采用傅里叶变换红外光谱仪（FTIR）及差示扫描量热分析仪（DSC）对样品进行成分分析，主要为聚乙烯树脂（PE），红外光谱图见图 2，DSC 曲线图略。

③ 参照《聚乙烯（PE）树脂》（GB/T 11115—2009）中规定的分析方法对制备的样条进行主要指标实验分析，样品及其样条的实验结果见表 1，制作的样条及拉伸后的样条状态见图 3。

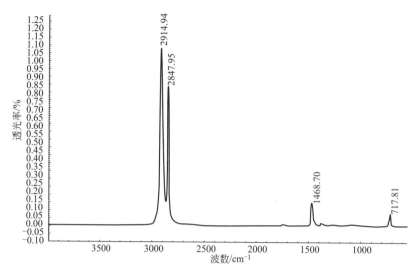

图 2　样品红外光谱图

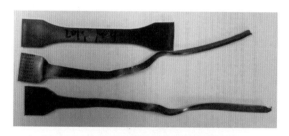

图 3　样品拉伸样条拉伸前后对比图

表 1　样品性能测试结果

性能指标项目	单位	实验结果	检测方法	标准要求[1]（PE-L，FB，18D010[2]）
熔体质量流动速率（190℃，2.16kg）	g/10min	0.92	GB/T 3682—2000	1.0±0.5
拉伸屈服强度	MPa	18.45	GB/T 1040—2006	—
拉伸断裂强度	MPa	18.03	GB/T 1040—2006	≥12.0
拉伸断裂标称应变	%	819.63	GB/T 1040—2006	≥250
密度	g/cm³	0.92	GB/T 1033—2008	0.918±0.004

① 选择《聚乙烯（PE）树脂》（GB/T 11115—2009）标准中熔体流动速率与样品 MFR 相近的树脂类型进行比较。

② 代表《聚乙烯（PE）树脂》（GB/T 11115—2009）中挤出薄膜类 PE 树脂。

塑料物品固体废物
特征分析与属性鉴别

3 样品物质属性鉴别分析

高密度聚乙烯（HDPE）是通用树脂中最重要的品种之一，密度为 0.94 ～ 0.97g/cm^3，分子链为线形结构，具有良好的耐热、耐寒、介电、加工性，化学性质稳定、低透水性，机械性能、耐热等性能优于 LDPE。为了提高塑料原料的利用率，各种废塑料制品基本都可以造粒再生。正常合成生产的 PE 手感较滑腻，未着色时，呈半透明状、乳白色，柔而韧。根据对国内废塑料回收利用工厂的调研，再生塑料颗粒与原生合成塑料颗粒的最明显的表观区别是颜色，利用回收塑料生产的塑料颗粒的颜色往往较深，因为大多数情况下添加了色素成分（掩盖回收塑料的不均匀，并有美观作用）和其他物质，即便不加色素，由于含有杂质，回收的单一白色 PE 薄膜造的塑料颗粒大多数呈现浅灰色。

样品外观颜色与合成塑料颗粒产品颜色纯正无杂的特点不符，符合再生塑料颗粒颜色特征；样品的主要成分为 PE，样品 600℃灼烧后的烧失率为 98.4%，证明样品中含有少量的无机物，表明样品很可能为 PE 再生塑料颗粒；样品密度符合《聚乙烯（PE）树脂》（GB/T 11115—2009）中挤出薄膜类 PE 树脂技术要求的密度范围为 0.91 ～ 0.92g/cm^3；样品熔体流动速率、拉伸断裂强度、伸断裂标称应变均符合挤出薄膜类 PE 树脂技术要求中相应技术指标。

总之，判断鉴别样品是由回收 PE 经过清洗、破碎、混匀、共熔、拉丝、切粒而形成的产物，属于废塑料加工成的再生颗粒，必要的实验结果表明样品具有较好的塑料制品加工性能。

4 结论

样品是废塑料加工而成的再生物料，是有意为满足市场需求而制造，具有较好的加工利用性能，可以满足《聚乙烯（PE）树脂》（GB/T 11115—2009）标准中挤出类薄膜 PE 树脂指标的要求，根据《固体废物鉴别标准 通则》（GB 34330—2017）第 5.2a 条的准则，并结合我国废塑料的加工利用状况，判断鉴别样品不属于固体废物，是回收的 PE 废塑料加工的再生塑料颗粒。

四、黑色为主的聚乙烯（PE）再生塑料颗粒

1 前言

2019 年 1 月，某海关委托中国环科院固体废物研究所对其查扣的一票"低密度聚乙烯"货物样品进行固体废物属性鉴别，需要确定是否属于固体废物。

2 样品特征及特性分析

① 样品为黑色扁圆状塑料颗粒，其中含有 5.0% 的灰绿色粒子，颗粒大小均与，无其他杂质、无特殊气味，测定样品 550℃ 下灼烧后的灰分含量为1.86%，样品外观状态见图 1 和图 2。采用 X 射线荧光光谱仪（XRF）分析样品灼烧后灰分的成分，结果见表 1。

图 1 样品整体状态

图 2 样品中的不同颜色颗粒

表 1 样品干基的主要成分（除 Cl 和 Br 外，其他元素以氧化物计）

成分	CaO	Br	ZnO	TiO_2	Cl	Fe_2O_3	SiO_2	Sb_2O_3	Am_2O_3
含量 /%	2.40	2.17	2.03	2.01	0.412	0.301	0.118	0.080	0.057
成分	PbO	ZrO_2	SrO	MgO	SO_3	P_2O_5	CuO	Cr_2O_3	K_2O
含量 /%	0.048	0.047	0.038	0.032	0.021	0.012	0.011	0.001	0.001

塑料物品固体废物
特征分析与属性鉴别

② 采用傅里叶变换红外光谱仪（FTIR）及差示扫描量热仪（DSC）分别对样品进行成分分析，主体材料均为高密度聚乙烯（HDPE），并且含 1%～2% 的低密度聚乙烯（LDPE）、乙烯 - 醋酸乙烯共聚物（EVA）和聚丙烯（PP），DSC 谱图及红外光谱图见图 3～图 6。

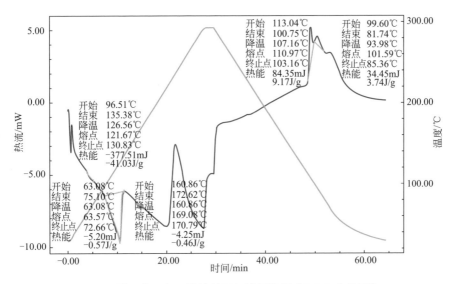

图 3　样品中黑色颗粒的差示扫描量热图（DSC 曲线图）

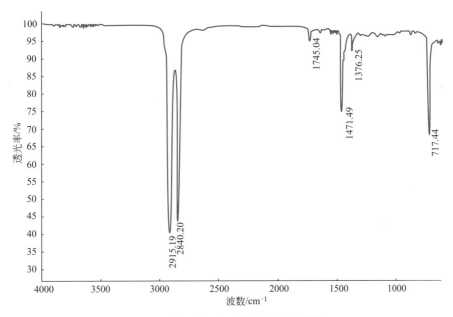

图 4　样品中黑色颗粒的红外光谱图

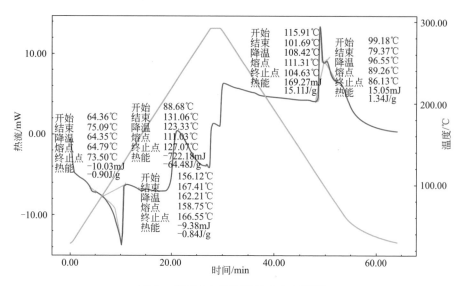

图5　样品中灰绿颗粒的 DSC 谱图

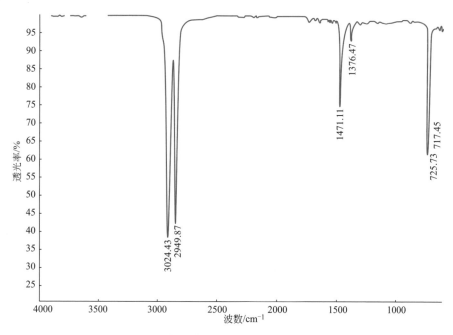

图6　样品中灰绿颗粒的红外光谱图

③ 参照《塑料 拉伸性能的测定 第2部分：模塑和挤塑塑料的试验条件的技术》（GB/T 1040.2—2006），对样品进行性能指标测试，结果见表2。由样品颗粒制作的样条及经过拉伸实验后的样条外观状态见图7。

塑料物品固体废物
特征分析与属性鉴别

表2　样品性能测试结果及标准要求

性能指标项目	单位	样品测试结果	标准要求[1]（PE-L，FB，18D010[2]）
密度	g/cm³	0.93	0.918±0.004
熔体流动速率	g/10min	0.86	1.0±0.5
拉伸屈服强度	MPa	17.47	—
拉伸断裂强度	MPa	16.54	≥12.0
拉伸断裂标称应变	%	696.07	≥250

① 选择《聚乙烯（PE）树脂》（GB/T 11115—2009）标准中熔体流动速率与样品 MFR 相近的树脂类型进行比较，未选择的说明标准中的 MFR 值与样品的 MFR 值相差较大。

② 代表《聚乙烯（PE）树脂》（GB/T 11115—2009）中挤出薄膜类 PE 树脂。

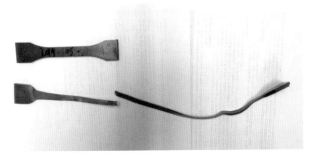

图7　制作的样条及经过拉伸实验后的样条

3　样品物质属性鉴别分析

高密度聚乙烯（HDPE）是通用树脂中最重要的品种之一，分子链为线形结构，具有良好的耐热、耐寒、介电、加工性，化学性质稳定、低透水性，机械性能、耐热等性能优于低密度聚乙烯（LDPE）。正常合成的聚乙烯（PE）手感较滑腻，未着色时呈半透明状、乳白色，柔而韧。根据对国内废塑料回收利用工厂的调研，再生塑料颗粒与原生合成塑料颗粒的最明显的表征区别是颜色，利用回收塑料生产的塑料颗粒的颜色往往较深，因为大多数情况下添加了色素成分和其他物质，即便不加色素，回收的单一白色 PE 薄膜造的塑料颗粒也会呈浅灰色或灰色。

样品外观颜色不纯正、不均匀，不符合合成塑料产品的特点，具有再生塑料颗粒颜色特征；利用傅里叶变换红外光谱仪和差示扫描量热分析仪测定样品主要成分为 HDPE，并含有少量 LDPE、PP、EVA 等，样品 550℃灼烧后的灰分分别为 1.86%、1.85%，证明样品在塑料加工时均添加了很少量的无机添加剂，表明样品为 PE 再生塑料颗粒，不是原生合成塑料原料；样品密度略高于《聚乙烯（PE）树脂》（GB/T 11115—2009）中挤出薄膜类 PE 树脂技术要求的密度范围为 $0.91 \sim 0.92 \text{g/cm}^3$；样品熔体流动速率、拉伸断裂强度、伸断裂标称应变均符合挤出薄膜类 PE 树脂技术要求中相应技术指标。

　　总之，鉴别样品是回收 PE 废塑料经过清洗、破碎、混匀、共熔、拉丝、切粒而形成的产物，属于废塑料加工而成的再生颗粒，黑色、灰绿色的颗粒定性结果均为 PE，成分上没有出现显著差异，样品具有较好的塑料加工性能。

4　结论

　　样品是再生塑料颗粒，是有意生产的产物，属于正常的商业循环和使用链中的一部分，样品指标符合《聚乙烯（PE）树脂》（GB/T 11115—2009）中挤出薄膜类 PE 树脂技术要求。根据《固体废物鉴别标准　通则》（GB 34330—2017）第 5.2 条的准则，并结合我国废塑料的加工利用状况，判断鉴别样品不属于固体废物。

五、杂色聚乙烯（PE）再生塑料颗粒

1　前言

2018 年 10 月，某海关委托中国环科院固体废物研究所对其查扣的一票"CICLIC 15F 聚乙烯胶粒"货物样品进行固体废物属性鉴别，需要确定是否属于固体废物。

2　样品特征及特性分析

① 样品为混杂色扁圆状塑料颗粒，灰黑色和灰绿色颗粒较多，样品外观特征、600℃下烧失率及各颜色样品所占比例见表 1，样品外观特征见图 1 和图 2。

表 1　样品外观特征、600℃下的烧失率及各颜色样品所占比例

样品	外观特征	烧失率 /%	占样品质量的百分比 /%
1 号（红）	红色系扁圆状颗粒，均匀无杂质，无异味	97.0	13
2 号（黑）	黑色系扁圆状颗粒，均匀无杂质，无异味	97.2	59
3 号（蓝）	蓝色系扁圆状颗粒，均匀无杂质，无异味	96.3	12
4 号（绿）	绿色系扁圆状颗粒，均匀无杂质，无异味	96.2	16
5 号（原样）	混杂色扁圆状颗粒，均匀无杂质，无异味	96.9	—

图 1　样品整体状态

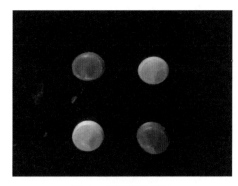

图 2　不同颜色颗粒

② 采用傅里叶变换红外光谱仪（FTIR）分析样品的成分，均为 PE，可能含微量的二氧化钛（TiO₂），红外光谱图见图 3 ～图 6。

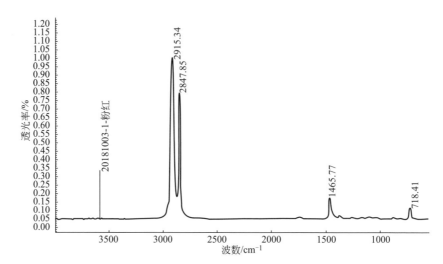

图 3 1 号样品（红）红外光谱图

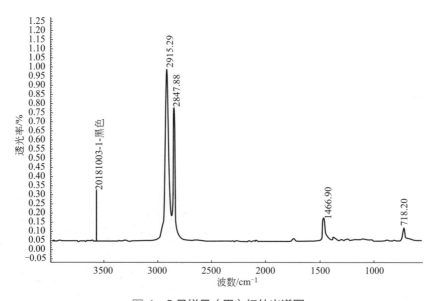

图 4 2 号样品（黑）红外光谱图

③ 参照《塑料 拉伸性能的测定 第 2 部分：模塑和挤塑塑料的试验条件的技术》（GB/T 1040.2—2006），对 5 个样品分别进行性能测试，实验结果见

塑料物品固体废物
特征分析与属性鉴别

表 2，其中 1 号样品和 2 号样品制作的样条及经过拉伸实验后的样条外观见图 7 和图 8。

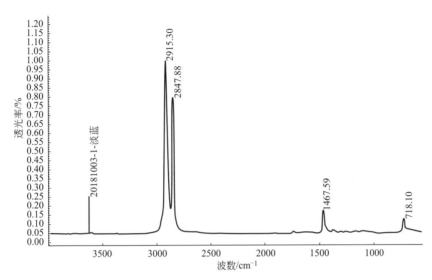

图 5　3 号样品（蓝）红外光谱图

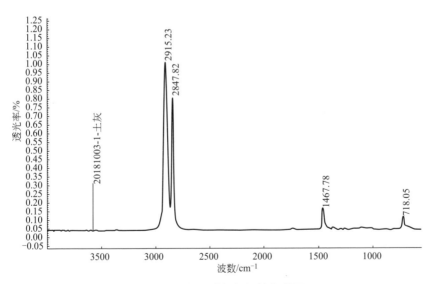

图 6　4 号样品（绿）红外光谱图

表2 5个样品实验结果及标准要求

性能指标项目	单位	1号样（红）测试值	2号样（黑）测试值	3号样（蓝）测试值	4号样（绿）测试值	5号原混合样测试值	标准要求[1]（PE-L，FB，18D010[2]）
密度	g/cm³	0.93	0.94	0.93	0.93	0.93	0.918±0.004
熔体流动速率	g/10min	0.66	0.64	0.71	0.72	0.76	1.0±0.5
拉伸屈服强度	MPa	17.60	15.76	16.56	16.78	14.71	—
拉伸断裂强度	MPa	17.17	15.48	16.24	16.51	14.38	≥12.0
拉伸断裂标称应变	%	718.81	537.24	619.65	589.24	441.27	≥250

① 选择《聚乙烯（PE）树脂》（GB/T 11115—2009）标准中熔体流动速率与样品 MFR 相近的树脂类型进行比较。

② 代表《聚乙烯（PE）树脂》（GB/T 11115—2009）中挤出薄膜类 PE 树脂。

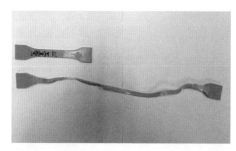

图7 1号样条（红）及经过拉伸实验后的样条

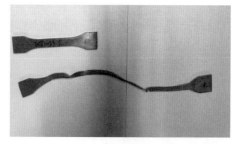

图8 2号样条（黑）及经过拉伸实验后的样条

3 样品物质属性鉴别分析

样品外观颜色与合成塑料颗粒产品颜色纯正无杂的特点不符，符合再生塑料颗粒的颜色特征；样品的成分均为 PE（可能含有 TiO₂ 等），样品经 600℃灼烧后的烧失率分别为 97.0%、97.2%、96.3%、96.2%、96.9%，证明样品在塑料加工时均添加了无机添加剂，样品为 PE 再生塑料颗粒；样品密度均略高于《聚乙烯（PE）树脂》（GB/T 11115—2009）中挤出薄膜类 PE 树脂技术要求的密度范围为 0.91 ～ 0.92g/cm³；样品熔体流动速率、拉伸断裂强度、伸断裂标称应变均符合挤出薄膜类 PE 树脂技术要求中相应技术指标；综合样品（5号）的定性结果和性能测试与各颜色颗粒的样品（1号～4号）性能具有一致性，没有出现明显差异。

塑料物品固体废物
特征分析与属性鉴别

总之，鉴别样品是回收的 PE 废塑料经过清洗、破碎、混匀、共熔、拉丝、切粒而形成的产物，属于废塑料加工成的再生颗粒；样品的熔体质量流动速率、拉伸断裂强度、拉伸断裂标称应变均符合相应合成塑料的技术要求，表明样品具有较好的塑料制品加工性能。

4　结论

样品是再生颗粒料，虽然颜色差异明显，但大小均匀，无杂质，聚合物成分单一，其熔体质量流动速率、拉伸断裂强度、拉伸断裂标称应变等指标均符合《聚乙烯（PE）树脂》（GB/T 11115—2009）中挤出薄膜类 PE 树脂技术要求，样品品质较好，仍是有意生产的物料，属于正常的商业循环和使用链中的一部分。根据《固体废物鉴别标准　通则》（GB 34330—2017）第 5.2 条的准则，并结合我国废塑料加工利用状况，判断鉴别样品不属于固体废物。

六、聚丙烯（PP）再生塑料颗粒

1 前言

2018 年 9 月，某海关委托中国环科院固体废物研究所对其查扣的一票"PP再生塑料粒子"货物样品进行固体废物属性鉴别，需要确定是否属于固体废物。

2 样品特征及特性分析

① 样品为不透明黑色柱状颗粒，均匀无杂质，无特殊气味，测定样品600℃下烧失率为 98.3%，样品外观状态见图 1。

图1 样品

② 采用傅里叶变换红外光谱仪（FTIR）对样品进行成分分析，主体成分为聚丙烯（PP），另含少量聚乙烯（PE，估计 <5%），红外光谱图见图 2。

③ 参照《聚丙烯（PP）树脂》（GB/T 12670—2008）中的分析方法对样品进行主要指标分析，结果见表 1，样条拉伸前后对比见图 3。

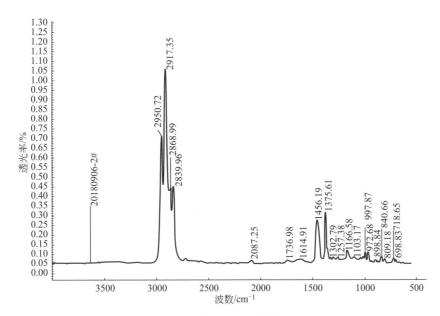

图2 样品红外光谱图

表1 样品注塑技术指标（部分）实验结果与标准值比较

性能指标项目	熔体质量流动速率 /（g/10min）	弯曲模量 /MPa	拉伸屈服强度 /MPa
样品	20.04	1431.99	23.28
标准值	1.4～69[①]	>1000[②]	>20[②]

① 代表《聚丙烯（PP）树脂》（Q/DQ SHM 009—2011）中注塑类 PP 树脂的技术要求。
② 代表《聚丙烯（PP）树脂》（GB/T 12670—2008）中注塑类 PP 树脂的技术要求。

图3 样条拉伸前后对比

3 样品物质属性鉴别分析

样品主要成分为 PP，另含少量 PE（估计 < 5%）；样品粒度规格大小均匀一致，无明显混杂物质；样品的熔体质量流动速率为 20.09g/10min，符合 Q/DQ SHM 009—2011 中注塑类 PP 树脂的技术要求❶，样品的熔体质量流动速率反映出其具有较好的塑料加工性能；样品弯曲模量为 1431.99MPa，满足《聚丙烯（PP）树脂》（GB/T 12670—2008）中注塑类 PP 树脂的技术要求中弯曲模量 >1000MPa 的要求；样品拉伸屈服强度为 23.28MPa，满足《聚丙烯（PP）树脂》（GB/T 12670—2008）中注塑类 PP 树脂的技术要求中拉伸屈服强度 >20MPa 的要求。根据鉴别经验，合成塑料新料和回收塑料加工后的再生料颜色上明显有差别，前者光洁、透亮、纯正，后者暗淡、混浊、粗糙。因此，判断鉴别样品是回收的 PP 废塑料经过清洗、破碎、混匀、共熔、拉丝、切粒而形成的产物，属于由 PP 废塑料加工成的再生颗粒。

4 结论

样品是回收 PP 废塑料经过清洗、破碎、混匀、共熔、拉丝、切粒而形成的产物，是废塑料制成的再生颗粒料，因此，样品是有意生产的产物，是为满足市场需求而制造的，属于正常的商业循环和使用链中的一部分，样品的弯曲模量及拉伸屈服应力均符合《聚丙烯（PP）树脂》（GB/T 12670—2008）中注塑类 PP 树脂的技术要求，具有较好的加工性能。根据我国《固体废物鉴别标准 通则》（GB 34330—2017）第 5.2 条的准则，并结合我国废塑料的加工利用状况，判断鉴别样品不属于固体废物。

---

❶ 在 GB/T 12670—2008 中规定，当熔体质量流动速率（MFR）> 1g/10min 时，MFR 的要求为 0.7M ～ 1.3M（M 为每个牌号产品该项指标的标称值），但在 GB/T 12670—2008 中，没有具体给出每个牌号产品 MFR 指标的标称值，因此无法判断鉴别样品的 MFR 指标是否符合 GB/T 12670—2008 中的要求。在神华集团有限责任公司企业标准《聚丙烯（PP）树脂》（Q/DQ SHM 009—2011）标准中，多项指标与 GB/T 12670—2008 中的要求相同，在 Q/DQ SHM 009—2011 中具体给出了多个牌号产品 MFR 指标的标称值，其中注塑类 PP 树脂的 MFR 要求为 1.4 ～ 69g/10min。

七、聚丙烯（PP）复合颗粒

1　前言

2021 年 9 月，某海关委托中国环科院固体废物研究所对其查扣的一票"聚丙烯胶粒"货物样品进行固体废物属性鉴别，需要确定是否属于固体废物。

2　样品特征及特性分析

① 样品为白色椭球珠粒，似大米粒形状，大小均匀，无可见杂质和异味，样品外观状态见图 1。

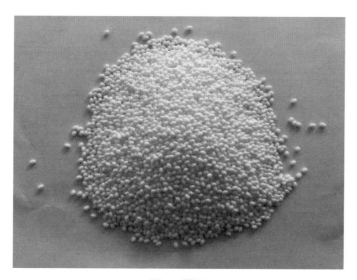

图 1　样品

② 采用傅里叶变换红外光谱仪（FTIR）、差示扫描量热仪（DSC）、热失重仪、马弗炉对样品进行定性分析，主要聚合物成分为 PP、SEBS 弹性体（以聚苯乙烯为末端段，以聚丁二烯加氢得到的乙烯 - 丁烯共聚物为中间弹性嵌段的线性共聚物），结果见表 1。样品经 600℃灼烧后灰分含量为 0.46%，样品及灼烧后残余物的红外光谱图见图 2 和图 3。

表1 样品成分分析结果

成分类别		含量/%
聚合物	PP	约56
	SEBS弹性体	约42
添加剂	油酸酰胺或另含石蜡油等	约1.5
	钛白粉及滑石粉	约0.5

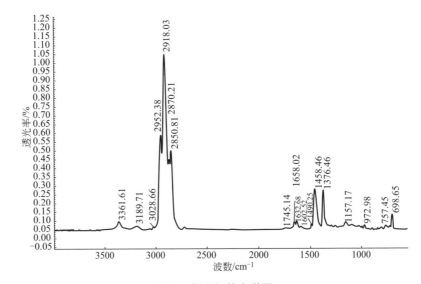

图2 样品红外光谱图

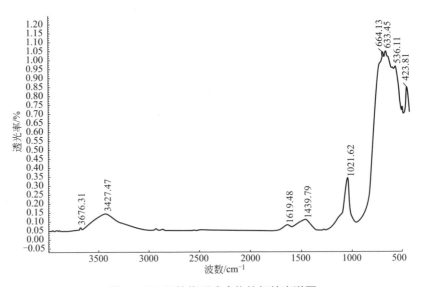

图3 600℃灼烧后残余物的红外光谱图

塑料物品固体废物
特征分析与属性鉴别

③ 对样品的颗粒状态、熔体质量流动速率、密度及力学性能进行主要指标实验分析，相关结果见表 2，力学性能测试的拉伸样条及拉伸曲线见图 4～图 9。

表 2　样品进行测试结果

性能指标项目		单位	样品测试结果	参考标准
颗粒状态	黑粒	个/kg	0	SH/T 1541.1—2019
	色粒（其他杂色）	个/kg	0	
	拖尾粒	个/kg	0	
	大粒和小粒	g/kg	0	
	絮状物	g/kg	0	
熔体质量流动速率		g/10min（230℃，2.16kg）	10.05	GB/T 3682—2018
密度		g/cm³	0.88	GB/T 1033—2008
拉伸断裂强度		MPa	>6.83[①]	GB/T 1040—2006
拉伸断裂应变		%	>1053[①]	

① 由于样条拉伸时在仪器最大行程内未断裂，因此拉伸断裂强度和拉伸断裂应变值要比测试值大。

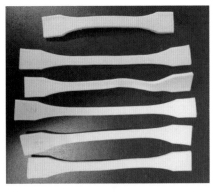

图 4　拉伸样条拉伸前后对比图

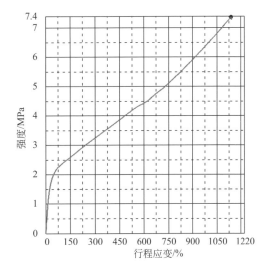

图 5　样条①拉伸曲线

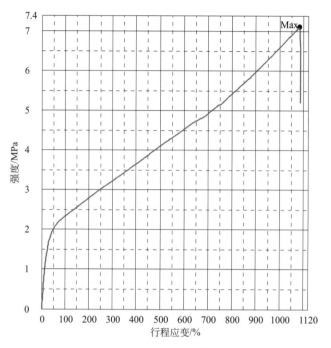

图6 样条②拉伸曲线

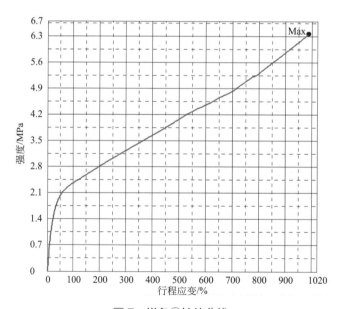

图7 样条③拉伸曲线

塑料物品固体废物
特征分析与属性鉴别

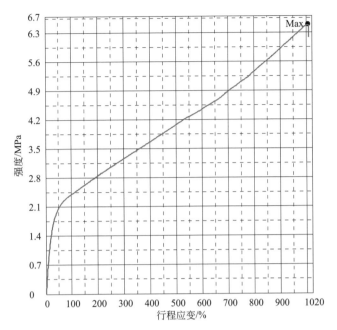

图 8　样条④拉伸曲线

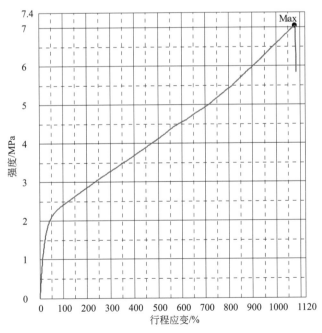

图 9　样条⑤拉伸曲线

3　样品物质属性鉴别分析

　　PP 是一种高刚性、高模量的通用塑料，SEBS 是一类新型热塑性弹性体，由苯乙烯 - 丁二烯 - 苯乙烯嵌段共聚物（SBS）分子中橡胶段聚丁二烯不饱和双键经过选择加氢制备而成。SEBS 的刚性大、压缩变形大、密度高，其使用温度上限和耐溶剂性、耐油性等方面均不及传统硫化橡胶，很少单独使用，通常与其他材料混合，来提高其可加工性和均衡性能。通过将 PP 与 SEBS 共混改性，不仅能够改善 SEBS 材料的力学性能及加工性能，有效降低 SEBS 成本，还能赋予 SEBS 弹性体较高的使用上限温度和较好的耐溶剂性。弹性体 SEBS 主要的填充油有芳香烃油、环烷油，石蜡油等，填充油类型对 SEBS/PP 体系力学、加工性能以及热稳定性的影响较大。随着填充油用量的增加，SEBS/PP 充油体系加工性能提高，硬度、拉伸性能降低，热分解温度下降，其中填充高黏度石蜡油的 SEBS/PP 共混材料力学性能及热稳定性等综合性能最佳[1]。

　　鉴别样品的主要成分为 PP、SEBS 弹性体，外观为白色椭球珠粒，粒度、颜色较为均匀，无可见杂质和异味；样品 600℃灼烧后灰分＜ 0.46%，表明样品无机物含量较少，主要为有机物组分；样品添加剂为油酸酰胺或另含石蜡油，样品组成结构与 SEBS/PP 充油体系共混材料高度吻合；样品颗粒外观无黑粒、色粒（其他杂色粒）、拖尾粒、大粒和小粒、絮状物，拉伸性能较好。根据样品测试结果及咨询行业专家，判断鉴别样品不是回收废塑料生产的再生塑料颗粒，为 PP 与 SEBS 的共混新料。

4　结论

　　样品为 PP 与 SEBS 的共混新料，外观干净，无杂质，粒度均匀，具有较为稳定、合理的市场需求。鉴别样品不符合《固体废物鉴别标准　通则》（GB 34330—2017）中固体废物的判断准则要求，综合判断鉴别样品不属于固体废物。

参考文献

[1] 倪卓，林煜豪，郭震，等. SEBS/PP 共混材料的研究及其进展 [J]. 塑料，2020，266（02）：104-109.

塑料物品固体废物
特征分析与属性鉴别

八、发泡苯乙烯塑料（EPS）颗粒

1 前言

2020 年 11 月，某海关委托中国环科院固体废物研究所对其查扣的一票"苯乙烯塑料颗粒"货物样品进行固体废物属性鉴别，需要确定是否属于固体废物。

2 样品特征及特性分析

① 样品为白色具有一定透明度的珠粒，无杂质，偶见较大粒；600℃下灼烧样品后的灰分＜0.1%，样品外观状态见图1。

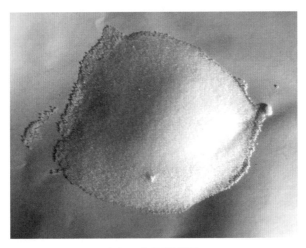

图 1　细颗粒样品

② 采用傅里叶变换红外光谱仪（FTIR）对样品进行成分分析，主要为聚苯乙烯（PS），红外光谱图见图2。

③ 样品成分为 PS，参照国家标准《聚苯乙烯（PS）树脂》（GB/T 12671—2008）和行业标准《可发性聚苯乙烯（EPS）树脂》（QB/T 4009—2010）中规定的分析方法进行主要指标分析，相关实验结果见表1和表2。

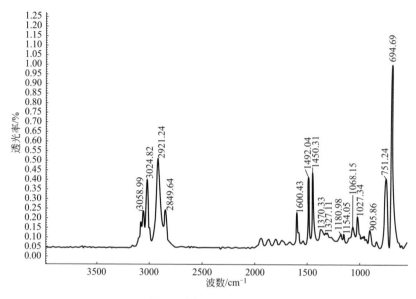

图2　样品红外光谱图

表1　参照《聚苯乙烯（PS）树脂》对样品进行性能测试结果

性能指标项目	单位	样品实验结果	参照标准	标准要求
颗粒外观（色粒）	个/kg	≤ 10	GB/T 12671—2008	≤ 40
熔体质量流动速率	g/10min（200℃，5kg）	10.05		5.0 ~ 11.0

　　注：《聚苯乙烯（PS）树脂》（GB/T 12671—2008）不适用于可发性聚苯乙烯、苯乙烯共聚物、苯乙烯衍生物等；测试样品由于珠粒过于细小、轻飘，不能完成注射等成型制备测试样条，导致无法对其力学性能进行测试。

表2　参照《可发性聚苯乙烯（EPS）树脂》对样品进行性能测试结果

性能指标项目	单位	样品实验结果	参考标准	标准要求
残留苯乙烯	%	0.14		≤ 0.6
含水率	%	0.04	QB/T 4009—2010	≤ 1.0
发泡剂含量	%	1.07		4.0 ~ 6.8

　　注：《可发性聚苯乙烯（EPS）树脂》（QB/T 4009—2010）适用于苯乙烯单体，通过悬浮聚合反应，并加入戊烷发泡剂的可发性聚苯乙烯树脂。

3 样品物质属性鉴别分析

PS 是产量和消费量仅次于聚乙烯（PE）、聚氯乙烯（PVC）和聚丙烯（PP）的通用树脂。PS 主要有通用型（GPPS）树脂、耐冲击型（HIPS）树脂和发泡（EPS）树脂三个品种[1]。

EPS 是原料在蒸气作用下，膨胀约 50 倍而成型的，98% 是空气，材料占 2%，是一种可固定空气的、用空气包装防震的、非常节省资源的优良包装材料[2]。EPS 由于其封闭空腔结构，决定了其热导性差，隔热好，但是吸水后会对热导性造成影响，文献资料表明，EPS 体积吸水率 < 1% 时，其热传导系数可增大 5%；EPS 体积吸水率达到 3% ~ 5% 时，热传导系数则可增大 15% ~ 25%[3]。

热合成法制备 EPS：首先由悬浮聚合法合成圆珠状 PS，再用低分点烃类化合物或卤代烃化合物（如石油醚、丁烷、戊烷、异戊烷和氯甲烷等）作为发泡剂，对 PS 珠粒在加温加压条件下进行浸渍，使其浸透至 PS 珠粒中，冷却后发泡剂留于珠粒中，成为 EPS 珠粒。经过一段时间的贮存，发泡剂在分子结构内核分子间隙中扩散，成为很多细小的发泡核，这样就可以进行下一阶段预发泡并制备聚苯乙烯泡沫。在这一过程中 EPS 是通过悬浮聚合工艺制备的，因发泡剂的加入具体制备工艺又分为一步浸渍法和两步浸渍法（后浸渍法）。后浸渍法是将苯乙烯聚合成为一定粒度的 PS 珠粒，经分级过筛后再重新加水、分散剂等分散，然后加入发泡剂和其他助剂于反应釜内加热浸渍。而一步浸渍法是在聚合过程同时完成浸渍。无论是一步还是两步浸渍法，目的均是制备粒度比较均匀的 PS 珠粒。较大的粒子膨胀制成低密度泡沫制品比较容易，较小的粒子则较易制成填充均匀的部件。

工艺过程示意如图 3 所示。

鉴别样品的主要成分为 PS，外观为白色带有一定透明度的细小珠粒，粒度、颜色较为均匀，无可见杂质和异味；样品外观形态为珠粒且含有发泡剂，判断为通过悬浮聚合方式制备的可发性聚苯乙烯（EPS）珠粒；样品 600℃ 灼烧后灰分 < 0.1%，证明样品中几乎没有无机物，成分单一；因样品为 EPS，不适用于《聚苯乙烯（PS）树脂》（GB/T 12671—2008），故该标准的测试指标不做过多考虑；样品残留苯乙烯及含水量均符合轻工业行业标准《可发性聚苯乙烯（EPS）树脂》（QB/T 4009—2010）中相应指标的要求，发泡剂含量低于标准指标。

鉴别样品是经过热合珠法制备的含发泡剂的 PS 颗粒，其发泡剂是通过加温加压浸渍的方式进入到 PS 珠粒中，最终形成 EPS 珠粒。通过咨询专家可知，

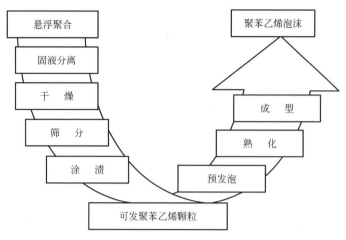

图 3　可发性聚苯乙烯发泡的基本工艺

较低的发泡剂含量可能与浸渍过程有关，也可能与样品长时间贮存后发泡剂挥发散失有关，但鉴别样品仍可在建筑、包装、电子电器产品等领域按照 EPS 原用途进行利用。综合判断鉴别样品是经过悬浮聚合、固液分离、筛分、涂浸等工艺制备的 EPS 原料或者副牌料，是合成树脂颗粒。

4　结论

样品为 EPS 原料或者副牌料，外观干净，无杂质，粒度均匀，是不需要修复和加工即可用于其原用途的物质，具有较为稳定的市场需求。鉴别样品不符合《固体废物鉴别标准　通则》（GB 34330—2017）中的固体废物的判断准则要求，判断鉴别样品不属于固体废物。

参考文献

[1] 钱伯章. 聚苯乙烯的技术发展与市场动态 [J]. 国外塑料，2011，29（06）：38-43.

[2] 崔国柱. 发泡聚苯乙烯（EPS）与环境的关系 [J]. 塑料包装，2000，10（01）：1-2.

[3] 于成龙. 可发性聚苯乙烯的应用现状分析 [J]. 化学工程与装备，2011（03）：132-133.

塑料物品固体废物
特征分析与属性鉴别

九、聚 4- 甲基 -1- 戊烯（TPX）颗粒

1 前言

2019 年 4 月，某海关委托中国环科院固体废物研究所对其查扣的一票"PP 再生粒"货物样品进行固体废物属性鉴别，需要确定是否属于固体废物。

2 样品特征及特性分析

① 样品为白色透明椭圆柱状颗粒，微泛黄，颗粒均匀，无异味，600℃下灼烧样品测其灰分含量＜ 1%，样品外观状态见图 1。

图 1 样品

② 采用傅里叶变换红外光谱仪（FTIR）对样品进行成分分析，主要成分为聚 4- 甲基 -1- 戊烯（TPX），红外光谱图见图 2。

③ 对样品进行主要性能指标实验分析，结果见表 1。

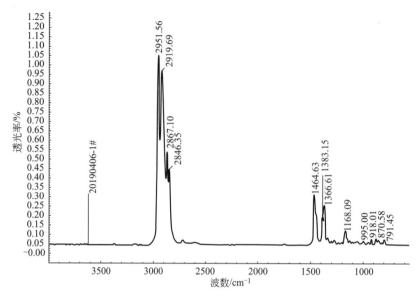

图 2 样品红外光谱图

表 1 样品性能测试结果

性能指标项目	单位	实验结果	检测方法
密度	g/cm³	0.83	GB/T 1033—2008
吸水率	%	0.03	GB/T 1034—2008
熔点（DSC 法，T_{pm}）	℃	233.83	GB/T 19466.3—2004
维卡软化点（A_{120} 法，载荷 10N，升温速率 1200℃ /h）	℃	159.20	GB/T 1633—2000
透光率（2mm 厚）	%	88.88	GB/T 2410—2008，方法 B

④ 样品中有少量连粒、异形粒出现，重量占比为 3.17%；用孔径为 2mm、2.5mm、5mm 的网筛对样品进行筛分，样品颗粒范围结果见表 2。

表 2 样品颗粒筛分质量比

样筛孔径	单位	筛下颗粒质量占比	筛上颗粒质量占比
2mm	%	0.97	99.03
2.5mm	%	25.49	74.51
5mm	%	100.0	0.0

塑料物品固体废物
特征分析与属性鉴别

3 样品物质属性鉴别分析

聚 4- 甲基 -1- 戊烯（TPX）是一种新型聚烯烃材料，除了具有通用聚烯烃材料的特性外，还具有非常突出的光学性能、机械性能、耐高温性以及电学性能等。如 TPX 的密度小，仅为 $0.83g/cm^3$；TPX 的透明性较聚苯乙烯（PS）、聚甲基丙烯酸甲酯（PMMA）还好，对可见光的透过率达 90% ～ 92%[1]；TPX 的透气性很好，对水蒸气和气体的渗透率为聚乙烯（PE）的 10 倍；在常温下其机械性能（拉伸强度、断裂强度、弯曲模量等）都可与聚丙烯（PP）相媲美，而升高温度后，TPX 表现出更好的柔性、断裂伸长和冲击强度，TPX 的熔点高达 240℃，维卡软化点为 173℃，所以它可以在高于 PP 的使用温度下使用。尽管 TPX 的产量并不高，但其应用领域范围较广，应用的使用比率为医疗器械 45%、家用电器 35%、薄膜 10%、餐具 5%、其他 5%[2]。

样品成分不是 PP，而是 TPX。样品外观干净、透明、外观均一，无异味，600℃灼烧后灰分＜ 0.1%，样品中无机添加物含量极少；样品的密度、熔点测试值与 TPX 原生料相应数值具有较高的相似度；样品维卡软化点及透光率测试值，均表明样品具有良好的加工应用性能。

样品颗粒大小整体均匀，实测＞ 2mm 颗粒占比 99.03%，满足《进口再生塑料颗粒固体废物属性快速检验鉴别方法（试行）》中样品颗粒＞ 0.83mm 的占比 95% 以上的要求；根据《热塑性塑料颗粒外观试验方法》（SH/T 1541—2006）中大粒（任意方向尺寸＞ 5mm 的粒子，包括连粒）、小粒（任意方向尺寸＜ 2mm 的粒子，包括碎屑和碎粒）的定义要求，样品均没有大粒颗粒存在，样品小粒含量分别为 0.97%；样品中虽混有很少量的连粒、异形粒，但是所有样品颗粒均＜ 5mm，未达到大粒颗粒的尺寸，连粒的产生是生产加工中常见的现象，尤其一次挤出拉丝数十根甚至上百根的加工生产难以避免，样品颗粒粘连对材料加工性能不造成影响，在以往调研合成塑料颗粒产品过程中，也能清晰地发现原料中存在连粒情况，车间工人并不需要刻意挑出来，因此是否有连粒并不是问题的最关键，应和其他因素综合考虑。

样品外观及主要性能指标与 TPX 原生料相比差异较小，是均匀、干净、纯度较高的颗粒料；判断鉴别样品是塑料生产厂家将产品外部的浇口和流道的成型物及不合格产品重新进行熔融、造粒等二次加工而生产的颗粒产物，可能是在原产生过程就直接经再加工的颗粒产物。总之，鉴别样品是由回收的 TPX 经再加工而形成的产物，样品具有较好的塑料制品加工性能。

4　结论

样品成分不是 PP，而是 TPX。样品可能是在原产生过程就直接经再加工的颗粒产物，也是有意生产的，是为满足市场需求而制造的，样品具有良好的加工应用性能，也符合《进口再生塑料颗粒固体废物属性快速检验鉴别方法（试行）》和《热塑性塑料颗粒外观试验方法》有关颗粒大小的指标要求，根据《固体废物鉴别标准　通则》（GB 34330—2017）第 6.1a 条或 6.1b 条的准则，判断鉴别样品不属于固体废物，是 TPX 再生塑料颗粒。

参考文献

[1] 区英鸿. 塑料手册 [M]. 北京：兵器工业出版社，1991，120-122.
[2] 陶海俊，张军. 聚 4- 甲基戊烯 -1（TPX）的加工和应用 [J]. 合成材料老化与应用，2006，35（02）：50-54.

塑料物品固体废物
特征分析与属性鉴别

十、甲基丙烯酸酯-丁二烯-苯乙烯共聚物（MBS树脂）

1 前言

2012 年 8 月，某海关委托中国环科院固体废物研究所对其查扣的一票"ABS 粉"货物样品进行固体废物属性鉴别，需要确定是否属于禁止进口的固体废物。

2 样品特征及特性分析

① 样品为白色精细粉末，无肉眼可见的杂质。测定样品含水率为 0.24%，550℃灼烧后的烧失率为 99.92%。样品外观状态见图 1。

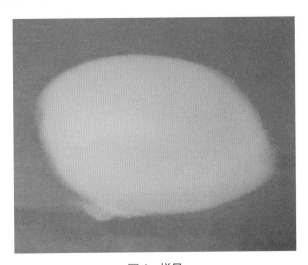

图 1 样品

② 采用傅里叶变换红外光谱仪（FTIR）对样品进行成分分析，主要成分为甲基丙烯酸酯-丁二烯-苯乙烯共聚物（MBS 树脂），红外光谱图见图 2。

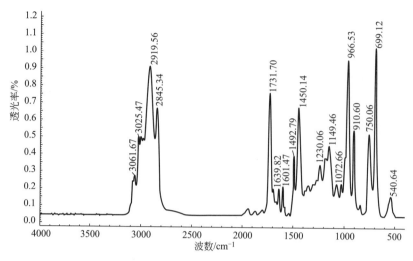

图 2　样品红外光谱图

3　样品物质属性鉴别分析

样品报关名称为"ABS 粉"，ABS 树脂是由苯乙烯、丙烯腈和丁二烯单体接枝共聚而成的一种热塑性塑料，红外光谱表明样品为甲基丙烯酸酯 - 丁二烯 - 苯乙烯共聚物（MBS），因此样品不是 ABS 粉。

甲基丙烯酸酯 - 丁二烯 - 苯乙烯共聚物（MBS 树脂）是既能提高 PVC 制品抗冲强度又能保持其透明性的最好增韧剂，应用范围广泛，PVC 透明制品中几乎都用 MBS 树脂作为抗冲改性剂，并且 MBS 树脂符合美国食品药品监督管理局（FDA）标准，是公认的无毒树脂，可用作食品、药品等包装材料，其透明瓶可用于包装矿泉水、食用油及化妆品等[1]。

MBS 树脂的生产过程首先以丁二烯和苯乙烯作为单体在水和乳化剂中进行乳化，在引发剂的引发作用下进行聚合，生产丁苯胶乳（SBR 胶乳），再加入苯乙烯和甲基丙烯酸甲酯进行乳液接枝聚合，得到 MBS 树脂接枝胶乳（MBS 树脂胶乳），最后经过凝聚、脱水和干燥处理后得到 MBS 粉料。在 MBS 树脂的整个生产工艺过程中，SBR 胶乳的合成技术、MBS 胶乳的合成技术以及 MBS 胶乳的凝聚技术是生产的三大关键技术[2]。MBS 树脂的生产工艺流程见图 3[1]。

样品含水率非常低，为 0.24%；550℃灼烧后的灰分非常低，为 0.08%；外观为白色精细粉末，无肉眼可见的杂质；红外光谱分析样品成分为甲基丙烯酸

酯 - 丁二烯 - 苯乙烯共聚物，即 MBS 树脂，是一种不常见的树脂原料。

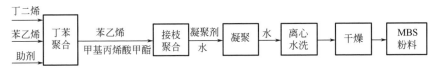

图 3　MBS 树脂生产工艺流程图

4　结论

根据样品外观特征和成分分析结果，判断鉴别样品是 MBS 树脂产品，不属于固体废物。

参考文献

[1] 张素心. PVC 改性剂 MBS 树脂全流程工艺技术开发 [J]. 齐鲁石油化工，1993（01）：23-31.
[2] 金栋. PVC 加工助剂 MBS 树脂的生产及市场前景 [J]. 中国氯碱，2009（07）：26-28.

十一、淡黄色聚酯再生塑料颗粒

1 前言

2019年9月，某海关委托中国环科院固体废物研究所对其查扣的一票"聚酯树脂"货物样品进行固体废物属性鉴别，需要确定是否属于固体废物。

2 样品特征及特性分析

① 样品主要为淡黄色半透明扁圆柱状颗粒，有连粒及未切断的条状物，偶见带有蓝色的颗粒，手摸无粘手粉末，无可见其他杂物。

样品外观状态见图1和图2。

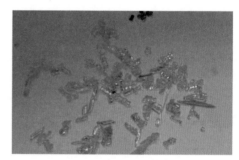

图1 样品　　　　　　　　　　图2 从样品中挑出的连粒及条状

② 采用红外光谱仪（FTIR）、差示扫描量热仪（DSC）对样品进行成分分析，主要为聚对苯二甲酸乙二醇酯（PET），将样品在600℃下灼烧测其灰分含量＜0.1%。

样品红外光谱图见图3，DSC谱图见图4。

③ 塑料颗粒均匀性。样品颗粒整体均匀，有极少量2粒及以上的连粒和未切断的条棒状物，用孔径为0.85mm、2mm、5mm的筛网分别对样品进行筛分，样品不同尺寸颗粒范围的质量占比结果见表1。

④ 参照《纤维级聚酯切片（PET）》（GB/T 14189—2015）、《纤维级再生聚酯切片（PET）》（FZ/T 51013—2016）中规定的分析方法对样品进行主要指

塑料物品固体废物
特征分析与属性鉴别

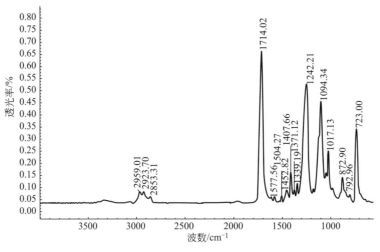

图3 样品红外光谱图

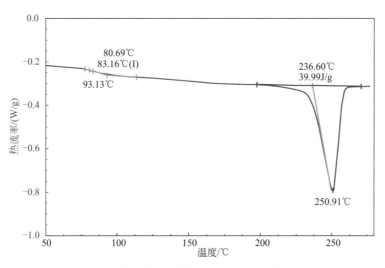

图4 样品差示扫描量热图（DSC 谱图）

标实验分析，实验结果见表2。

表1 样品颗粒筛分质量百分占比

样筛孔径	样品筛下颗粒占比 /%	样品筛上颗粒占比 /%
0.85mm	0.0	100.0
2mm	2.0	98.0
5mm	99.0	1.0

表2　样品性能测试结果

性能指标项目	单位	纤维级聚酯切片（PET）	纤维级再生聚酯切片（PET）	样品结果
特性黏度	dL/g	$M_1 \pm 0.025$	$M_2 \pm 0.100$	0.64
水分	%	≤ 0.5	≤ 0.5	0.52
熔点	℃	$M_3 \pm 3$	$M_4 \pm 10$	251.89
灰分	%	≤ 0.08	≤ 0.25	<0.01
异状切片质量占比	%	≤ 0.6	≤ 0.6	1.0

注：1. M_1 为特性黏度中心值，由供需双方协商确定，确定后不得任意更改。

2. M_2 为特性黏度中心值，由供需双方在 0.50～0.80dL/g 范围内确定，确定后不得任意更改。

3. M_3 为熔点中心值，由供需双方在 252～262℃ 范围内确定，确定后不得任意更改。

4. M_4 为熔点中心值，由供需双方在 242～262℃ 范围内确定，确定后不得任意更改。

3　样品物质属性鉴别分析

聚酯由多元醇和多元酸缩聚而得的聚合物总称，主要指聚对苯二甲酸乙二酯（PET），也包括聚对苯二甲酸丁二酯（PBT）和聚芳酯（PAR）等线型热塑性树脂，是一类性能优异、用途广泛的工程塑料，也可制成聚酯纤维和聚酯薄膜。

PET 为透明无色或白色，无毒，具有优良的机械力学性能。作为 PET 的质量指标，主要有特性黏度、熔点、一缩乙二醇含量、羧基含量等。PET 的特性黏度是其分子量高低的表征值[1]，如表3所列；熔点决定于 PET 分子链结构的规整性，如合成过程中无副反应，PET 的熔点可以达到275℃。然而实际上不可能达到这样，一缩乙二醇生成并聚合到 PET 分子链中，破坏了链的规整性，会使熔点下降。

表3　PET 树脂特性黏度与应用范围

特性黏度（η）/（dL/g）	主要用途	特性黏度（η）/（dL/g）	主要用途
0.50～0.60	抗起球纤维	0.72～0.76	瓶用、片材
0.57～0.64	薄膜（包装、磁带）	0.78～0.82	瓶用
0.62～0.68	短纤维、半强化膜	0.80～0.90	瓶用、片材
0.66～0.72	长纤维	0.98～1.10	工程塑料

回收废塑料再造粒基本原理是废塑料经分拣、破碎后送入熔融装置，废塑料在其熔化温度范围内被熔化，经挤压造粒、冷却、切粒后获得再生颗粒。

样品主要成分为聚对苯二甲酸乙二醇酯（PET），样品外观颜色与 PET 产品颜色透亮纯正无杂的特点不符，符合再生塑料颗粒颜色特征；样品外观干净、光滑，无其他杂物，颗粒尺寸、颜色整体较为均匀，有个别蓝色粒子，少量异状粒；样品的特性黏度为 0.64，其不适用于生产 PET 瓶，适用于生产纤维，参照《纤维级聚酯切片（PET）》（GB/T 14189—2015）、《纤维级再生聚酯切片（PET）》（FZ/T 51013—2016）标准对样品进行主要指标实验分析，样品特性黏度、熔点、灰分等关键性指标符合标准中相应要求。样品无明显异味，无其他夹杂物，聚合物组分种类与申报名称基本相符，灰分结果无显著性差异，基本满足海关总署 2019 年 3 月 7 日发布的《进口再生塑料颗粒固体废物属性现场快速筛查检验方法（试行）》的相关要求。

肉眼观察样品颗粒大小，整体上较为均匀；根据《热塑性塑料颗粒外观试验方法》（SH/T 1541—2006）中大粒（任意方向尺寸＞5mm 的粒子，包括连粒）、小粒（任意方向尺寸＜2mm 的粒子，包括碎屑和碎粒）的定义要求，样品大、小粒颗粒分别为 1.0%、2.0%；样品中虽有连粒颗粒，但 97% 以上颗粒（包含连粒）在 2 ～ 5mm 之间，筛分结果表明样品整体上较为均匀；对于再生塑料颗粒加工工艺条件控制而言，连粒是生产加工中常见现象的，尤其一次挤出多根拉丝数（有的工艺设备可达数十根）的加工生产中难以避免，虽然样品中有少数粘连颗粒，但整体上仍表现出较好的均匀性，经咨询专家，样品颗粒粘连对材料加工性能不造成影响；在我们调研相关合成塑料颗粒生产过程中，也能清晰地发现连粒，车间工人并没有刻意挑出来，认为不影响制品生产和产品质量。

总之，鉴别样品是由回收的聚对苯二甲酸乙二醇酯经过清洗、破碎、混匀、共熔、拉丝、切粒等加工工序而形成的产物，属于 PET 再生塑料颗粒，整体上基本规整，样品具有良好的塑料制品加工性能。

4 结论

样品是 PET 再生塑料颗粒，是有意生产的，是为满足市场需求而制造的，具有良好的加工利用性能，样品基本满足海关总署 2019 年 3 月 7 日发布的《进口再生塑料颗粒固体废物属性现场快速筛查检验方法（试行）》的相关要求。根据《固体废物鉴别标准　通则》（GB 34330—2017）第 5.2a 条的准则，并结合我国废塑料的加工利用状况，综合判断鉴别样品不属于固体废物。

参考文献

[1] 李洪亮，王解新，康勇. PET 材料性能与最新技术进展概述 [C]//2002 年中国化妆品学术研讨会论文集. 2002.

十二、聚对苯二甲酸乙二醇酯（PET）颗粒

1　前言

2018 年 8 月，某海关委托中国环科院固体废物研究所对其查扣的一票"聚对苯二甲酸乙二醇酯颗粒"货物样品进行固体废物属性鉴别，需要确定是否属于禁止进口的固体废物。

2　样品特征及特性分析

① 样品为翠绿色半透明圆柱状颗粒，颗粒颜色、大小基本均匀或一致，无可见杂质，样品外观状态见图 1。

图1　样品

② 采用傅里叶变换红外光谱仪（FTIR）及差示扫描量热分析仪（DSC）对样品成分进行分析，主要为聚对苯二甲酸乙二醇酯（PET），熔点为 252.54℃，红外光谱图见图 2，DSC 曲线见图 3。

塑料物品固体废物
特征分析与属性鉴别

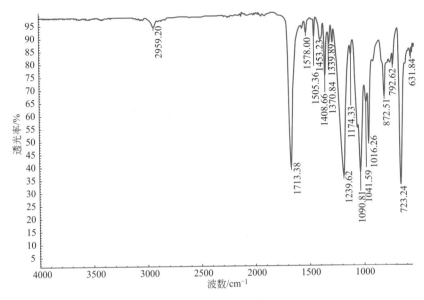

图 2　样品红外光谱图

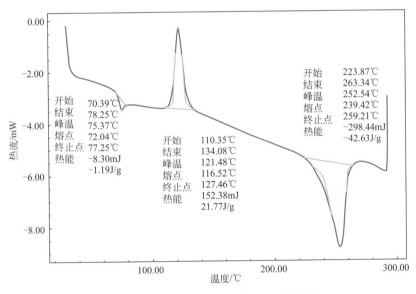

图 3　样品差示扫描量热图（DSC 曲线图）

③ 参照《塑料　拉伸性能的测定　第 2 部分：模塑和挤塑塑料的试验条件的技术》（GB/T 1040.2—2006），对样品进行性能测试，结果见表 1；将样品制作的样条及拉伸后的样条外观进行对比见图 4。

表 1 样品性能测试结果

性能指标项目	拉伸强度 /MPa	断裂伸长率 /%	弯曲强度 /MPa	弯曲模量 /GPa
样品测试结果	57.72	590.51	81.15	2.87

图 4　制作的样条及其拉伸试验后的样条

3　样品物质属性鉴别分析

根据对国内废塑料回收造粒的调研可知，再生塑料颗粒颜色往往不是鲜亮的，颜色发乌或发灰，而样品颜色鲜亮，呈半透明翠绿色，类似于新料，样品很可能不是由社会上回收的聚酯废塑料再加工的颗粒；样品拉伸性能测试结果显示，样品基本满足 PET 原生料性能要求，即拉伸强度满足 55 ～ 75MPa，断裂伸长率＞ 50%，弯曲模量满足 2.5 ～ 3.0GPa。根据样品外观特征及拉伸性能测试结果，判断鉴别样品来自生产厂家生产产品时产生的溢边料、流道料或产品外观有缺陷的粉碎料经过再加工造粒形成的塑料颗粒，是专门有意生产的产物，是为满足市场需求而制造的，具有较好的加工利用性能。

4　结论

鉴别样品外观干净、均匀、无夹杂物、成分一致，不是回收的混合物，是有意生产的，是为满足市场需求而制造的，具有较好的加工利用性能。根据《固体废物鉴别标准　通则》（GB 34330—2017）的准则，并结合我国废塑料加工利用状况，综合判断鉴别样品不属于固体废物，为初级形态的聚对苯二甲酸乙二醇酯颗粒产品。

十三、PET 复合材料卷

1 前言

2020 年 9 月，某海关委托中国环科院固体废物研究所对其查扣的一票"PET 离型膜（等外品）"货物进行固体废物属性鉴别，需要确定是否属于固体废物。

2 货物特征及特性分析

（1）现场查看鉴别货物情况

货物共有 3 票 34 卷，塑料大卷置于木托上，均为透明塑料薄板，卷的大小、长短不同，但由于是塑料大卷并不杂乱无章，货物总体干净，从卷的两端看都还比较整齐，有的卷外层随意手写"Junk"黑色字样，仔细查看有的卷外层有磨损痕迹应是来回搬运时造成，明显是未使用过的来自工业生产中的塑料卷，随机测定 8 卷货物长度和直径，卷筒平均长度 106.4cm、平均直径 80.5cm，结果见表 1，货物外观状况见图 1～图 4。

表 1 现场随机选取塑料卷筒测定卷筒尺寸

塑料卷筒	1	2	3	4	5	6	7	8	平均值
长度 /cm	123	79	103	79	123	98	122	124	106.4
直径 /cm	90	80	69	97	68	76	74	90	80.5

图 1 鉴别货物

图 2 透明大塑料卷

图 3 鉴别货物

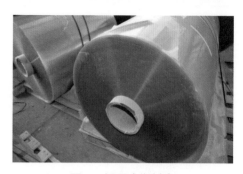

图 4 透明大塑料卷

（2）样品特征

样品包装完好并贴有海关封条，为裁剪后的塑料片共有 18 片，厚度有所不同，随机选取 5 片进行成分定性和灰分含量分析，是以 PET 为主层的多层成分复合塑料片，如含乙烯 - 醋酸乙烯共聚物（EVA）的夹层或覆膜，样品外观状态见图 5 和图 6，样品成分、厚度和灰分含量见表 2。

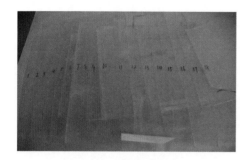

图 5 18 块样品

图 6 随机抽取 5 块样品剪切的小样品

表 2 样品成分定性分析及和灰分含量

编号	层次	材质成分	厚度 /mm	600℃灼烧后样品灰分 /%
1、5	单侧外层 A	PET	约 0.7	约 0.1
	单侧外层 B	PE（外覆 EVA）		
	中央夹芯层	EVOH		
	中央夹芯层两侧贴合层	PE		
	各层间黏合层	EVA		
9	单侧外层 A	PET	约 0.7	约 0.1
	单侧外层 B	PET（外覆 EAA）		

塑料物品固体废物
特征分析与属性鉴别

编号	层次	材质成分	厚度 /mm	600℃灼烧后样品灰分 /%
9	中央夹心层	EVOH	约 0.7	约 0.1
	中央夹心层两侧贴合层	PE		
	各层间黏合层	EVA		
13	单侧外层 A	PET	约 0.3	约 0.1
	单侧外层 B	PE（外覆 EVA）		
	中间黏合层	EVA（或和 PVC）		
17	单侧外层 A	PET	约 0.5	约 0.1
	单侧外层 B	PE（外覆 EVA）		
	中间黏合层	EVA（或和 PVC）		

注: PET 为聚酯; PE 为聚乙烯; EVA 为乙烯 - 醋酸乙烯共聚物; PVC 为聚氯乙烯; EAA 为乙烯 - 丙烯酸共聚物; EVOH 为乙烯 - 乙烯醇共聚物。

3 货物物质属性鉴别分析

聚对苯二甲酸乙二醇酯（PET）是热塑性聚合物，主要用于纤维（约占总量的 2/3）、瓶、薄膜、片板材、成品型制品，其中片板材应用于食品医药包装、吸塑制品、折盒、装饰、制卡等[1]；乙烯 - 乙烯醇共聚物（EVOH）不仅表现出极好的加工性能，而且也对气体、气味、香料、溶剂等呈现出优异的阻断作用，由于同乙烯结合而具有热稳定性，含有 EVOH 阻隔层的多层容器完全可以重复利用。塑塑复合是包装材料中应用最多的复合材料之一，用不同塑料复合加工制成的包装材料，各成分材料取长补短、优势组合，塑塑复合包装材料废弃后一般进行焚烧处理回收能量，多层共挤塑料薄膜的主要原料是聚烯烃（PE、PP），经常与尼龙（PA）、聚偏二氯乙烯（PVDC）、乙烯 - 乙烯醇（EVOH）共聚物等材料共挤，在共挤复合中由于共聚物分子结构的性质差异，有些材料不能直接粘合，这时可以用乙烯 - 醋酸乙烯（EVA）、乙烯 - 丙烯酸（EAA）或乙烯 - 甲基丙烯酸（EMAA）等共聚物作为共聚的黏合层，这些材料也可以作为低温热封合的表层材料；二层共挤复合薄膜或片材的生产流程为：二层进料→共挤模头→吹膜→电晕处理→切边→卷取；吹塑复合工艺：各挤出机分别上料→挤出机分别挤出→环形复合模头→共挤吹塑→风环冷却→

吹胀→人字架→熄泡辊熄泡→电晕处理→切废边→收卷成筒状复合膜；流延复合工艺：各挤出机分别上料→挤出机分别挤出→T型复合口模→共挤出流延→（拉伸→）冷却辊冷却→电晕处理→切废边→收卷成片状复合膜[2]。

鉴别货物为大卷的 PET 透明塑料薄片（或膜）卷，总共 34 卷。随机抽取的 8 卷货物卷筒幅宽平均长度 106.4cm、卷筒平均直径 80.5cm，虽然不同卷的直径和横向长度有所差异、薄片厚度也有所差异，但各卷的两端整齐、卷的表面并没有严重的破损痕迹（表层有轻微擦痕像是大卷搬来搬去摩擦所致），塑料薄片（或膜）外观透明、干净，明显是未经使用过的大卷，展开后将是非常长而整齐的塑料薄片（或膜），不是生产过程中的边角碎料，应该是来自 PET 塑料卷薄片（或膜）生产中的产物。样品检测表明都是 PET 为主的三至四层复合薄片（或膜）材料，PET 含量大约 90% 以上，灰分含量很低，这种复合材料是多层共挤而形成，各层材料不能简单分离，是一个整体。总之，判断鉴别货物是 PET 为主的多层共挤复合薄片（或膜），利用各层成分的特殊性质形成的具有特别包装性能的塑料薄片（或膜）。

4　结论

由于货物进口申报为等外品，应该是 PET 复合薄片（或膜）产品中某一指标检验不合格所致，或者是货物较长时间积压所致，这类情况在相当多的原材料生产中或销售中常见，由于塑料材料的广泛适用性，并不影响该 PET 复合薄片（或膜）的直接应用，尤其是降档使用。货物规整、干净，主要成分基本一致，无其他夹杂物和有害物质，只需要简单裁切、成型便可直接使用，并没有丧失 PET 复合薄片（或膜）材料的原有用途和价值，依据我国固体废物法律定义以及《固体废物鉴别标准　通则》（GB 34330—2017）第 6.1 条的准则，判断鉴别货物不属于固体废物。

参考文献

[1] 杨惠娣. 塑料回收与资源再利用 [M]. 北京：中国轻工业出版社，2010，281.

[2] 李华. 主要包装物特性与资源再生实用手册 [M]. 北京：中国环境科学出版社，2010，118-136.

塑料物品固体废物
特征分析与属性鉴别

十四、聚甲基丙烯酸甲酯板（有机玻璃，PMMA）

1 前言

2018 年 12 月，某海关委托中国环科院固体废物研究所对其查扣的一票"聚甲基丙烯酸甲酯次级板材"货物进行固体废物属性鉴别，需要确定是否属于固体废物。

2 货物特征及特性分析

① 鉴别货物为矩形板材，成叠整齐摆放于托盘上。集装箱中未掏箱货物分别为绿色、白色、蓝色硬质塑料板材，颜色主要由板材上下平面所贴保护薄膜的颜色决定，大部分板材贴有薄膜，板材本身多为透明白色，部分为不透明白色；按照尺寸、颜色分类包装，层层叠放于托盘上，每托盘货物外部缠绕透明塑料薄膜，每托盘货物包装外均贴有"PMMA PLASTICS SHEEP OFF GRADE MADE IN KOREA"（韩国产等外品级 PMMA 塑料板材）的标签。

掏出的货物主要为白色、绿色等板材，外贴标签写有"1400mm×1200mm"、"1300mm×2500mm"、"1300×1000mm"等尺寸信息，每托盘货物均为包装较完好、尺寸一致、规格一致的塑料板材。

现场货物照片见图 1～图 4。

图 1　掏出货物

图 2　一托货物

图3 塑料板材

图4 透明板材

②现场随机抽取 2 小块样品（为掏箱过程损坏的板材碎块），进行红外光谱分析，确定样品成分，在 600℃下对样品进行灼烧，测其烧失率，结果见表1，红外光谱图见图 5 和图 6。

表1 样品外观、成分定性及烧失率

样品	外观	成分定性分析	烧失率 /%
1号	不透明白色、不规则小块塑料板	聚甲基丙烯酸甲酯（PMMA）（含微量添加剂）	99.37
2号	透明白色、不规则矩形小块塑料板	（甲基丙烯酸甲酯－苯乙烯）共聚物（无添加剂）	99.98

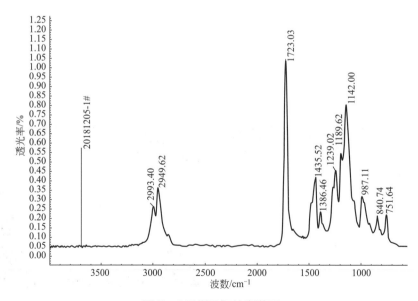

图5 1号样品红外光谱图

塑料物品固体废物
特征分析与属性鉴别

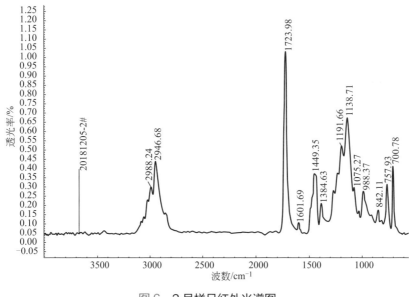

图6　2号样品红外光谱图

3　货物物质属性鉴别分析

聚甲基丙烯酸甲酯（PMMA），俗称有机玻璃、亚克力，是一种透明的高分子材料，因其具有良好的透光性、介电性、电绝缘性和加工性等性能，使其在航空、汽车、建筑、医学等领域具有广泛的应用。其常见的生产方法有本体聚合、悬浮聚合、乳液聚合等，且不同生产方法所得产品形态与应用领域也不同[1]。有机玻璃是以 MMA 为主要原料，加入少量增塑剂、色料、脱模剂等，在引发剂作用下进行本体聚合制得的透明板材。PMMA 是透光性最好的塑料之一，透光率可达 92%，堪与光学玻璃媲美，并且它硬度高，高温可塑性好，是理想的光散射材料基体。

货物为具有大规格尺寸的规整有机玻璃板，整体外观干净，贴有保护薄膜，每托货物颜色一致、规格相同，按尺寸、颜色分类打包成捆，均为硬质板材，外覆塑料薄膜进行包裹固定，明显不是裁切产生的边角料。实验结果表明，鉴别货物为聚甲基丙烯酸甲酯（PMMA），其中也包含与苯乙烯共聚后形成的板材，苯乙烯含量较低，通过咨询行业专家，也是有机玻璃。据此判断鉴别货物来自于有机玻璃板材生产厂或塑料制品厂，可能由于某一指标不合格导致进口时申报为次级品。

4 结论

货物规整、干净，只需要简单裁切便可直接利用，并没有丧失板材的原有用途，依据固体废物法律定义以及《固体废物鉴别标准 通则》（GB 34330—2017）第 6.1 条的准则，判断鉴别货物不属于固体废物。

参考文献

[1] 刘归回，邓汉林，邓仕英. 聚甲基丙烯酸甲酯合成工艺研究 [J]. 化学工程与装备，2018（05）：1-2.

塑料物品固体废物
特征分析与属性鉴别

十五、乙烯－醋酸乙烯酯（EVA）为主的复合颗粒

1 前言

2021 年 9 月，某海关委托中国环科院固体废物研究所对其查扣的一票"初级形状乙烯 - 醋酸乙烯酯"货物样品进行固体废物属性鉴别，需要确定是否属于固体废物。

2 样品特征及特性分析

① 样品为白色椭球珠粒，似大米粒形状，大小均匀，无可见杂质和异味，样品外观状态见图 1。

图 1 样品

② 采用傅里叶变换红外光谱仪（FTIR）、马弗炉等对样品进行定性分析，主要聚合物成分为聚乙烯（PE）、乙烯 - 醋酸乙烯酯（EVA），并有大量的无机物氢氧化铝（ATH），结果见表 1；样品经 600℃灼烧后灰分含量为 42.5%，红外光谱图见图 2 和图 3。

表1 样品成分分析结果

成分类别		含量 /%
聚合物	PE	约20
	EVA	约15
添加剂	Al(OH)₃	约65

注：样品中其他微少成分忽略不计。

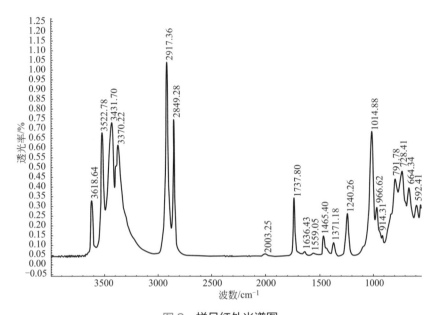

图2 样品红外光谱图

③ 对样品的不同颗粒组成、熔体质量流动速率、密度及其他主要指标实验分析，相关实验结果见表2。

表2 对样品进行测试

性能指标项目		单位	样品实验结果	参考标准
不同颗粒	黑色粒	个/kg	0	SH/T 1541.1—2019
	色粒（其他杂色）	个/kg	0	
	拖尾粒	个/kg	16	
	大粒和小粒	g/kg	0	
	絮状物	g/kg	0	
熔体质量流动速率		g/10min（190℃）	0.15	GB/T 3682—2018

性能指标项目	单位	样品实验结果	参考标准
密度	g/cm³	1.42	GB/T 1033—2008
EVA 含量	%	13.62①	热失重法
熔融温度	℃	88.80	GB/T 19466.3—2004

① 由于该样品不是纯的 EVA 聚合物（还含有 ATH 和 PE），因此无法按 GB/T 30925—2014 标准方法检测，而是采用了热失重方法来测量乙酸乙烯酯含量。

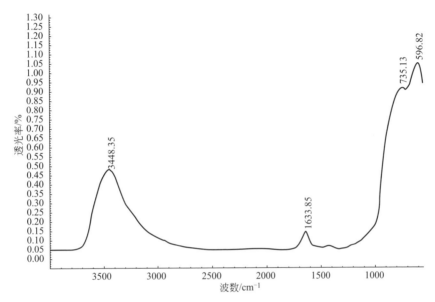

图 3　600℃灼烧后残余物红外光谱

3　样品物质属性鉴别分析

（1）乙烯 - 醋酸乙烯酯（EVA）属性鉴别分析

乙烯 - 醋酸乙烯酯（EVA）有着良好的物理机械性能和化学性能，如良好的柔韧性、较好的抗环境应力开裂性能、优异的相容性、抗老化、耐紫外线、良好的辐照交联性以及优异的加工性能等，被广泛地应用于绝缘电线电缆和辐照交联产品中。但是 EVA 树脂熔点低，并有较多的含氧基团，在空气中易被点燃，且伴随着熔融滴落和浓烟，无法直接大量应用于电子电器领域。因此，选取合适的阻燃剂或复配阻燃体系对 EVA 材料进行改性，可以提高树脂体系熔点，降低烟毒性，增强树脂体系燃烧成炭、隔绝空气等，起到良好的阻燃作用。

（2）氢氧化铝（ATH）属性鉴别分析

氢氧化铝（ATH）是 EVA 脂体系中最为常用的阻燃剂，具有无毒无味、工艺成熟稳定、成本低等优点。其阻燃机理为：ATH 在高温下进行分解，吸收大量热量，并且产生的气态水相能够稀释可燃气体的含量，而脱水后形成的 Al_2O_3 能够在 EVA 树脂体系表面形成致密层，阻断树脂表面与氧气接触。但是在 EVA 树脂体系中，如果在只添加 ATH 情况下，要达到可燃性 UL94 标准（应用最广泛的塑料材料可燃性能标准，见表 3，用来评价材料在被点燃后熄灭的能力）中的 V-0 级，其添加量必然 >60%[1]。

表3 可燃性 UL94 等级

阻燃等级	描述
HB	UL94 标准中最底的阻燃等级。要求对于 3～13mm 厚的样品，燃烧速度 < 40mm/min；< 3mm 厚的样品，燃烧速度 < 70mm/min；或者在 100mm 的标志前熄灭
V-2	对样品进行 2 次 10s 的燃烧测试后，余焰和余燃在 60s 内熄灭。滴落的微粒可点燃棉花
V-1	对样品进行 2 次 10s 的燃烧测试后，余焰和余燃在 60s 内熄灭。滴落的微粒不可点燃棉花
V-0	对样品进行 2 次 10s 的燃烧测试后，余焰和余燃在 30s 内熄灭。滴落的微粒不可点燃棉花
5VB	对样品进行 5 次 5s 的燃烧测试后，余焰和余燃在 60s 内熄灭。滴落的微粒不可点燃棉花。对于片状样品允许被烧穿
5VA	对样品进行 5 次 5s 的燃烧测试后，余焰和余燃在 60s 内熄灭。滴落的微粒不可点燃棉花。对于片状样品不允许被烧穿

样品的主要成分为 ATH、EVA 和 PE，颗粒外观无黑粒、色粒（其他杂色）、大粒和小粒、絮状物，含有少量拖尾粒，整体外观为白色圆柱粒，粒度、颜色较为均匀，无可见杂质和异味；样品 600℃灼烧后灰分为 42.5%，无机成分为 ATH，成分较为单一；应用于绝缘电线电缆的 EVA 需选取合适的阻燃剂或复配阻燃体系对其进行改性，ATH 是常用改性剂，样品中 ATH 含量 >60%，其含量与达到可燃性 UL94 标准 V0 级的 EVA 改性料中的氢氧化铝含量相吻合。根据样品测试结果及咨询行业专家，判断鉴别样品不是塑料再生料，为 EVA 阻燃改性专用料新料。

4 结论

样品为 EVA 阻燃改性专用料新料，外观干净，无杂质，粒度均匀，具有较为稳定、合理的市场需求。我们认为鉴别样品不符合《固体废物鉴别标准 通则》（GB 34330—2017）中固体废物判断准则的要求，判断鉴别样品不属于固体废物。

参考文献

[1] 康树峰，夏春亮，邓成. 阻燃剂在辐照交联 EVA 树脂体系中的发展趋势 [J]. 中国石油和化工标准与质量，2019，39（13）：2.

十六、乙烯－醋酸乙烯酯（EVA）再生塑料膜

1 前言

2022 年 2 月，某海关委托中国环科院固体废物研究所对海关查扣的一票"EVA 再生塑料膜"货物样品进行固体废物属性鉴别，需要确定是否属于固体废物。

2 样品特征及特性分析

① 样品为多张白色裁切的矩形薄膜，尺寸约 172cm×65cm，厚度均匀，颜色和幅宽一致，整体平整、表面均质、光滑。样品外观见图 1 和图 2。

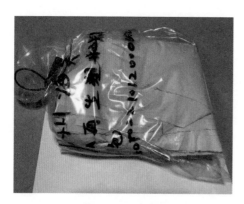

图1 样品包装

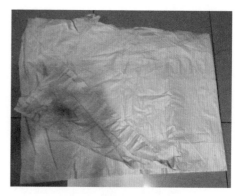

图2 多张叠放的样品

② 多张样品外观无明显差异，利用傅里叶变换红外光谱仪（FTIR）、马弗炉、差式扫描量热仪、X 射线荧光光谱仪对样品进行定性分析，主要成分为乙烯 - 醋酸乙烯酯（EVA），600℃灼烧后灰分含量为 21.6%，无机成分主要为碳酸钙、滑石粉、钛白粉、氧化锌等。样品经差式扫描量热仪进行 DSC 测试，在 186.35℃出现放热峰，表明该样品中含有交联剂，在 180℃左右可以发生交联反应。样品定性分析结果见表 1，600℃灼烧后残渣成分见表 2，样品红外光谱图见图 3，DSC 谱图见图 4。

塑料物品固体废物
特征分析与属性鉴别

表1　样品主要成分定性分析结果

成分类别		说明
聚合物	EVA	为主要成分
添加剂	碳酸钙、滑石粉、钛白粉、氧化锌等	总量约21.6%

表2　样品600℃灼烧后残渣主要成分（除S外，其他元素以氧化物计）

成分	CaO	TiO$_2$	SiO$_2$	MgO	ZnO	Al$_2$O$_3$	S	P$_2$O$_5$	Fe$_2$O$_3$
含量/%	64.14	18.91	5.42	5.62	3.03	0.54	0.78	0.44	0.11

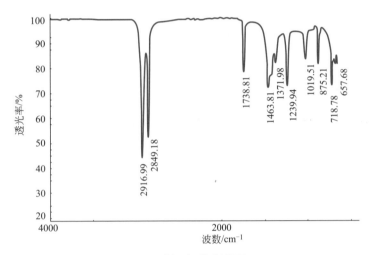

图3　样品红外光谱图

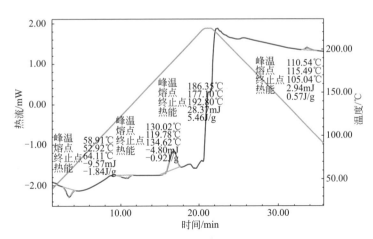

图4　样品差示扫描量热图（DSC谱图）

③ 通过对样品进行电子显微镜观察形貌（SEM），样品截面未发现泡沫孔洞，少量的孔洞与有规律的泡沫孔洞结构差别较大，其为制备过程形成的不可避免的孔洞，因此样品为未发泡的 EVA。另外，在 SEM 中也可观察到样品中含有无机粒子，颗粒大小在 100 ～ 500nm 之间，结合样品的灰分结果，该无机粒子为碳酸钙和滑石粉，粒径较小为超细的无机粉体。样品 SEM 图见图 5 和图 6。

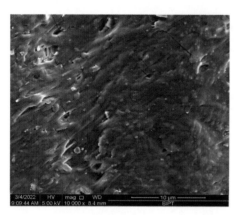
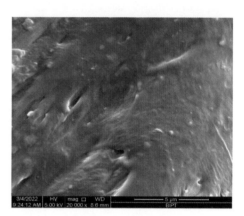

图 5　样品剖面 SEM 图（10000 倍）　　　图 6　样品剖面 SEM 图（20000 倍）

④ 对样品的外观进行测试，相关实验结果见表 3。

表 3　样品外观测试结果

外观测试项目[1]	样品测试结果
花纹	花纹清晰，深浅一致
色差	灰白色片材，颜色基本均匀，外观有油污、色点和少许黄斑
表面气孔分布	有气孔，边缘较多、较大；中心较少，表面气孔分布不均匀
分层、气泡	无明显分层，有少量气泡
脱色	无
气孔	气孔大小为 3.1 ～ 4.0mm，1m² 有 19 个 气孔大小为 2.1 ～ 3.0mm，1m² 有 16 个

① 外观测试项目参考《乙烯 - 醋酸乙烯酯共聚物发泡片材》（QB/T 5445—2019）。

⑤ 对样品的性能进行测试，实验结果见表 4，流变测试图见图 7，力学性能测试样条及测试图见图 8 ～图 15。

表4　样品性能测试结果

性能指标项目		单位	测试值	检测方法
密度		g/cm³	1.12	ASTM D6226-15
熔体流动速率		g/10min	0（190℃，2.16kg），0（190℃，10kg），0.01（135℃，10kg）	—
拉伸强度（拉伸速度500mm/min）	纵向	MPa	13.72	GB/T 6344—2008
	横向		4.04	
断裂伸长率（拉伸速度500mm/min）	纵向	%	204.83	GB/T 6344—2008
	横向		52.33	
撕裂强度（拉伸速度500mm/min）	纵向	kN/m	42.03	GB/T 529—2008
	横向		35.96	
旋转流变测试			在160℃以下可熔融塑化，160℃以上开始发生交联反应	—

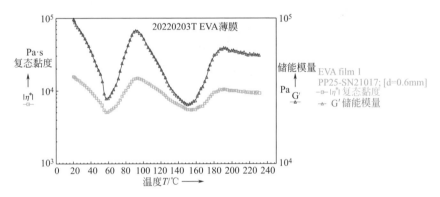

图7　薄膜流变测试结果图

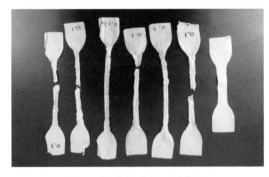

图8　横向拉伸前后试样图

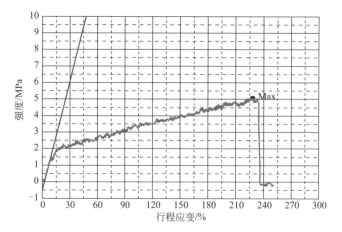

图 9　某一样条横向样条拉伸曲线（应变图）

图 10　纵向拉伸前后试样图

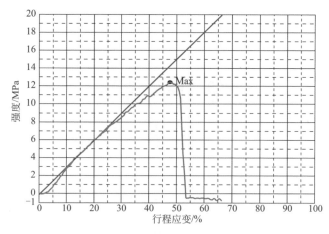

图 11　某一样条纵向样条拉伸曲线（应变图）

塑料物品固体废物
特征分析与属性鉴别

图 12　横向样条撕裂测试前后试样图

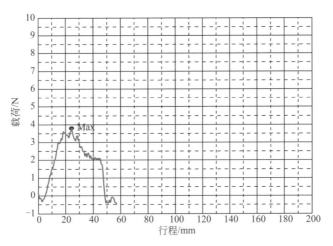

图 13　某一样条横向撕裂强度检测曲线

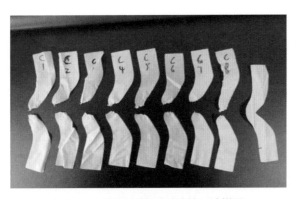

图 14　纵向样条撕裂测试前后试样图

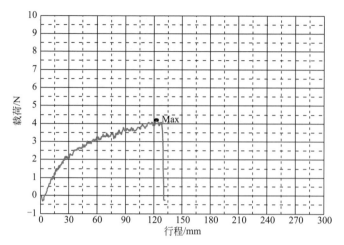

图15　某一样条纵向撕裂强度检测曲线

3　样品物质属性鉴别分析

（1）样品不是 EVA 聚合物合成生产中的物料

EVA 是乙烯 - 醋酸乙烯酯的简称，它是由乙烯（E）和醋酸乙烯（VA）共聚而制得的，是主要的乙烯共聚物之一，是一种重要的塑料合成树脂材料。EVA 无色、无味、无毒，具有良好的柔软性、似橡胶弹性、透明性、低温挠曲性、化学品稳定性、黏结和着色、耐老化、耐环境应力开裂等性能[1]。EVA 加工挤出造粒为白色颗粒，为聚合有机物，而样品为薄膜，含有较高量的无机组分，因此，可以判断样品不是来自 EVA 聚合物合成生产的物料。

（2）样品是 EVA 回收料为主的再加工的初级产物

EVA 是易于加工成型的树脂，可以挤出成型、注射成型、吹塑成型和热成型，也可以挤塑涂覆、真空成型、热成型、发泡成型以及涂覆、热封、焊接等成型加工，EVA 的加工方式及制品领域见表 5。

表5　EVA 加工方式与制品领域

加工方式	应用领域
热熔黏合剂	EVA 树脂与增黏树脂及蜡混合使用可制成热熔黏合剂，它具有优异的黏结力，广泛应用于包装、装订、木工、鞋业、塑料黏结等

加工方式	应用领域
注射制品	可制中空容器、震动吸收器、隔声板、挡泥板、地板垫、啤酒瓶等的缓冲垫、油桶及塑料容器的盖、便器盖、密封软塞、密封环、自行车座垫、玩具、防护帽、滑雪挡板、安全帽等
发泡材料	鞋底、鞋垫用发泡片；中高档旅游鞋、登山鞋、拖鞋、凉鞋的鞋底和内饰材；包装用发泡物品、建筑和管线保温、隔声板、汽车零部件、童车轮、体操垫、游艇防护板、密封材料等
挤出制品	管材，如输水管、微灌管、矿山地下管道及其他软管、电线、电缆材料（护套、内、外屏蔽材料、半导体材料、热收缩材料等）深埋管
其他	树脂还可做热熔涂层、防腐蚀涂层，并可作为油墨、漆料的基料等

EVA 是鞋底常用的发泡材料，既可以单独使用也可以同聚乙烯（PE）、天然橡胶（NR）、三元乙丙胶（EPDM）、顺丁胶（BR）、丁苯胶（SBR）掺混作鞋底材料。以 EVA 鞋底配方为例，制作鞋底的原料除主要成分 EVA 以外，还需要加入交联剂 DCP、发泡剂 AC、三碱式硫酸铅、硬脂酸、EVA 边角填充料、硬脂酸锌、氧化锌、碳酸钙、高岭土（$Al_2O_3 \cdot 2SiO_2 \cdot 2H_2O$）、滑石粉 $[Mg_3(Si_4O_{10})(OH)_2]$、填充炭黑等，其中 EVA 的用量可以占到 67% ～ 91%[2-4]。在《塑料配方设计与应用 900 例》中列出的各种生产 EVA 鞋底的配方中，EVA 的百分含量范围为 50% ～ 90%。再加工过程为首先要对回收料进行消泡处理，然后再添加一些助剂进行混炼，甚至再发泡，最后过辊挤出而成片状或薄膜状。

《乙烯 - 醋酸乙烯酯共聚物发泡片材》（QB/T 5445—2019）标准适用于模压发泡法生产及后加工而制成的发泡片材，除此标准外国内尚无其他 EVA 片材 / 薄膜相关标准。

鉴别样品边缘光滑、表面均质，红外光谱分析结果显示，样品以有机物 EVA 为主。根据样品灰分组分、含量分析和 SEM 结果，样品中含有约 21.6% 的无机物，无机成分主要为碳酸钙、滑石粉、钛白粉、氧化锌等，为粒径在 100 ～ 500nm 之间的超细无机粉体，可以增强样品的力学性能和发泡性能。通过 SEM 图可见样品剖面未发现泡沫孔洞，此现象表明样品为未发泡 EVA 薄膜；样品密度为 $1.12g/cm^3$，密度较大，不符合泡沫塑料的特征，同样证明样品为未发泡 EVA 薄膜。根据熔体流动速率测试结果，样品在标准条件（190℃、2.16kg）下无法流动，表明样品在 190℃时发生了交联反应。样品在 135℃

（EVA 可以熔融流动的最低温度）下再次进行熔体流动速率实验，有熔体流出，表明样品在 135℃左右可以再进行热熔加工且该温度下样品未交联。根据旋转流变和 DSC 测试结果，样品在 160℃以下可熔融塑化，在 186℃左右发生交联反应，表明样品中含有交联剂且室温下尚未交联，当温度升至 186℃时才发生交联。经咨询行业专家，样品的拉伸强度、断裂伸长率和撕裂强度在纵向和横向的测试值都展现出较好的力学性能。综上所述，样品为含有超细无机粉体和交联剂的未交联、未发泡的 EVA 薄膜，应是回收的未交联未发泡的 EVA 经再加工的初级产物，但不排除原材料组成中含有 EVA 原料。

样品为未交联、未发泡的 EVA 薄膜，不适用于《乙烯 - 醋酸乙烯酯共聚物发泡片材》（QB/T 5445—2019）标准，不宜参考该标准中的指标对样品进行判定。测试结果表明样品可以进行后续热融加工，以及通过模压等工艺发泡制备成 EVA 泡沫制品，如鞋底等。

4　结论

样品是回收的未交联未发泡的 EVA 经再加工的薄膜产物，具有较好的力学性能，同时具有继续热熔加工的潜力，有稳定合理的市场需求。依据《固体废物鉴别标准　通则》（GB 34330—2017）5.2 条的准则，判断样品不属于固体废物，是 EVA 的再加工初级产物，薄膜边缘上的气孔不是影响后续加工利用和产品质量的关键因素。建议相关行业协会组织制定 EVA 回收物料再加工的片材、薄膜专门产品标准。

参考文献

[1] 廖明义，陈平. 高分子合成材料学 [M]. 北京：化学工业出版社，2005.
[2] 广东省 EVA 泡沫皮鞋底试制小组. EVA 泡沫皮鞋底试制总结 [J]. 皮革科技动态，1978（12）：14-16.
[3] 刘仿军，宗荣峰，鄢国平. 轻质 EVA 鞋底材料的研究 [J]. 塑料工业，2009，37（07）：65-67.
[4] 徐峰. 钛白粉性能及其应用 [J]. 化学建材，1995（02）：87.

塑料物品固体废物
特征分析与属性鉴别

十七、尼龙 6（聚酰胺 6）颗粒

1 前言

2018 年 11 月，某海关委托中国环科院固体废物研究所对其查扣的一票"聚酰胺 -6 切片"货物样品进行固体废物属性鉴别，需要确定是否属于禁止进口固体废物。

2 样品特征及特性分析

① 样品为姜黄色圆柱状塑料颗粒，粒子大小基本一致，无异味，无明显杂质；600℃下灼烧样品后的烧失率为 99.89%，样品外观状态见图 1。

图 1　样品

② 采用傅里叶变换红外光谱仪（FTIR）、差示扫描量热分析仪（DSC）分析样品成分，主要为尼龙 6（聚酰胺 6），红外光谱图见图 2，DSC 曲线图见图 3。

③ 测定样品的熔体质量流动速率 $MFR_{235/2160}$，结果为 26.77g/10min。

④ 参照《塑料 拉伸性能的测定 第 2 部分：模塑和挤塑塑料的试验条件的技术》（GB/T 1040.2—2006），对样品制作样条测定拉伸性能，拉伸强度为53.86MPa，断裂伸长率为 72.02%。

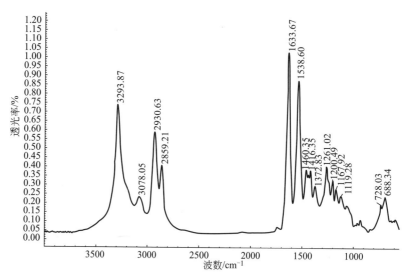

图 2　样品红外光谱图

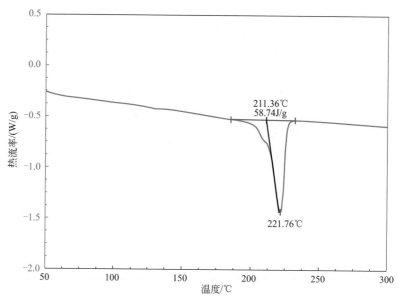

图 3　样品差示扫描量热图（DSC 谱图）

塑料物品固体废物
特征分析与属性鉴别

3 样品物质属性鉴别分析

样品成分是尼龙 6。尼龙 6 树脂制品为半透明或不透明的乳白色结晶型聚合物，具有优良的弹性、强度、耐磨、耐冲击、耐化学品等特点，基本性能要求拉伸强度 54 ～ 81MPa，断裂伸长率 70% ～ 250%[1]。600℃下灼烧样品后的烧失率为 99.89%，表明样品中无机物含量极少；样品外观均匀，无可见杂质，无明显异味，来自于有意识分选后的纯度较高的尼龙 6 制品；样品的拉伸强度和断裂伸长率均略低于尼龙 6 树脂原生料的要求，尼龙 6 具有较多牌号 [2]，经咨询专家，其性能可根据其不同牌号和用途一定幅度调整。

样品颜色一致、形状统一、干净规整，不具有合成塑料颗粒的无色透明或鲜艳的颜色，判断鉴别样品是回收的尼龙 6 树脂制品经过清洗、破碎、混匀、共熔、拉丝、切粒而形成的产物，属于尼龙 6 再生塑料颗粒。

4 结论

样品是有意识分选的、纯度较高的尼龙 6 经加工再生产的颗粒，是为满足市场需求而制造的，初步实验证明具有较好的加工利用性能，符合行业内由替代原料加工产品的质量要求，根据《固体废物鉴别标准 通则》（GB 34330—2017）第 5.2a 条的准则，判断鉴别样品不属于固体废物，是塑料加工得到的初级原材料。

参考文献

[1] 廖明义，陈平. 高分子合成材料学（下）[M]. 北京：化学工业出版社，2005.
[2] 张知先. 合成树脂和塑料牌号手册. 上册 [M]. 北京：化学工业出版社，1994.

十八、酚醛树脂（半固化片）

1 前言

2018 年 12 月，某海关委托中国环科院固体废物研究所对其查扣的一票"半固化片（次级）"货物进行固体废物属性鉴别，需要确定是否属于固体废物。

2 货物特征及特性分析

（1）现场货物状况

鉴别货物均为固体片状物，成卷摞放或成片叠放于托盘上，并用塑料膜包裹和打包带捆扎，共 23 托盘。现场查看时，委托方已提前将集装箱中 19 托货物掏出：每托货物在边角处均写有明显数字编号，并且粘贴有"Laminated Epoxy Fiber Glass off Grade""Made in Japan"等字样的标签；其中有 13 托货为成卷状，展开后幅宽约 1m，长度为几米到几十米不等，货物干净、无污迹、边缘裁切整齐、材质均匀，现场随机选取样品测量货物尺寸为 107cm×180cm；有 4 托货物为片状，叠放于托盘上，货物干净、平整、无污迹、形状大小一致、颜色一致、材质一致，现场随机选取样品测量片状尺寸为 106cm×126cm；另有 2 托货物为多层折叠放置于托盘之上，干净、平整、无污迹、随机抽选叠放货物可见其表面无明显破损，边缘裁切整齐，材质均匀。4 托未掏箱货物：均成卷摞放于托盘之上，颜色以黄色系为主，有少量白色及其他颜色。

现场货物图片见图 1～图 6。

（2）取样实验分析

从现场裁取 2 小块不同颜色的样品，采用傅里叶变换红外光谱仪（FTIR）、电子能谱仪分析样品成分，在 600℃下对样品进行灼烧，测其烧失率，结果见表 1，红外光谱图见图 7～图 10。

图1 长条层叠状货物

图2 片状货物

图3 卷筒状货物

图4 查看片状货物

图5 测量片状货物

图6 打开卷状货物

表1 样品外观、成分定性及烧失率

样品	外观	成分定性	烧失率/%
1号	米黄色薄片	树脂基体为酚醛树脂，含有无机物料：主要为玻璃纤维织物、氢氧化镁等（无机填料可能混于酚醛树脂后，再浸渍/涂覆在玻璃纤维织物上）	23
2号	黄白色薄片	树脂基体为酚醛环氧树脂，含有无机物料：主要为玻璃纤维织物、氢氧化铝等（无机填料可能混于酚醛树脂后，再浸渍/涂覆在玻璃纤维织物上）	35

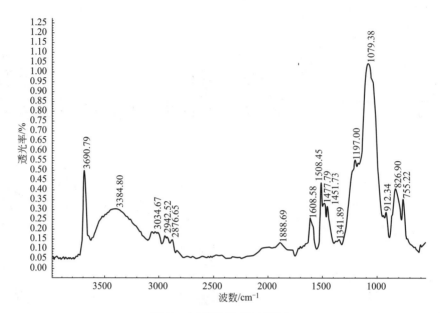

图 7　1 号样品红外光谱图

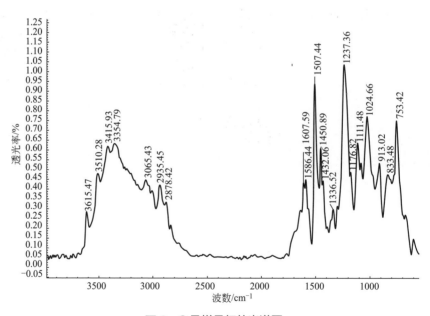

图 8　2 号样品红外光谱图

塑料物品固体废物
特征分析与属性鉴别

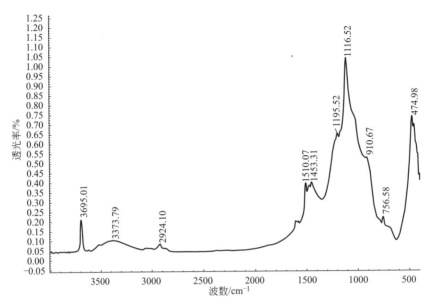

图9 1号样品表面织物纤维红外光谱图

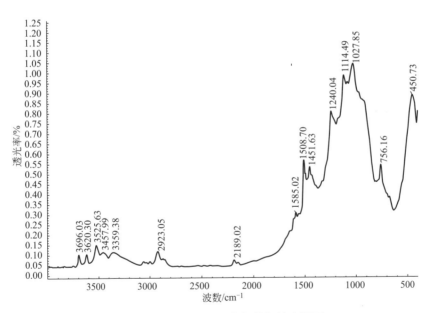

图10 2号样品表面织物纤维红外光谱图

3 货物物质属性鉴别分析

半固化片多用于覆铜箔层压板、多层电路板的制作[1]。半固化片也称黏结片，通常是指由玻璃纤维布浸渍树脂胶液，再通过烘烤制成的固态胶片。在一定的温度和压力下，该胶片中的树脂胶具有流动性，能够快速固化并将需要黏结的材料结合在一起形成绝缘层。半固化片是多层板生产中的主要材料之一，由树脂和增强材料组成，增强材料又分为玻纤布、纸基、复合材料等几种类型[2]。多层板所用半固化片的主要外观要求有布面应平整、无油污、无污迹、无外来杂质或其他缺陷、无破裂和过多的树脂粉末，但允许有微裂纹。

现场查看货物特征为规整的片状物，干净平整、无油污、无污迹，外覆保护薄膜，包装完好，每托盘货物包装基本一致、规格相似、材质相同，明显不是加工生产过程中产生的不规整边角料。实验结果表明，主体材质为浸渍有树脂及无机添加物的玻璃纤维布，与半固化片成分及外观具有一致性。据此判断鉴别货物是半固化片，其产生和收集过程可能由于某一指标不合格而导致进口时申报为次级品。

4 结论

鉴别货物为半固化片，外观整体干净、平整、无污迹；货物分类摆放，由固定带及多层塑料薄膜进行固定；每托盘货物包装基本一致、规格相似、材质相同，根据鉴别货物外观特征，判断鉴别货物来自半固化片生产厂。货物规整、干净，只需要简单裁切后便可直接利用，并没有丧失这类材料的原有用途，依据我国固体废物法律定义以及《固体废物鉴别标准 通则》（GB 34330—2017）第 6.1a 条的准则，判断鉴别货物不属于固体废物。

参考文献

[1] 辰光. 半固化片的基础知识 [J]. 印制电路信息，2004（09）：25-26.
[2] 李桢林，张雪平，陈文求，等. 耐高温玻纤布 / 环氧半固化片的制备与性能研究 [J]. 江汉大学学报：自然科学版，2018.

塑料物品固体废物
特征分析与属性鉴别

十九、腈纶纤维次级丝

1 前言

2018 年 8 月，某海关委托中国环科院固体废物研究所对其查扣的一票"次级丝"货物样品进行固体废物属性鉴别，需要确定是否属于国家禁止进口的固体废物。

2 样品特征及特性分析

① 样品为黄白色有光泽的丝状物，丝细且长，并丝或多丝蓬松态，干净、无异味、无杂质，手感非常柔软光滑，用手难以扯断，样品外观见图 1。到海关货场查看实物状态，货物装在吨袋中，呈十几米或数十米长的丝束状，手感非常舒服，并不是杂乱缠绕的"乱麻一堆"状态，现场货物外观状态见图 2 和图 3。

② 采用傅里叶变换红外光谱仪（FTIR）分析样品成分，为聚丙烯腈纤维（腈纶），红外光谱图见图 4。

图 1 样品

图 2　掏出货物

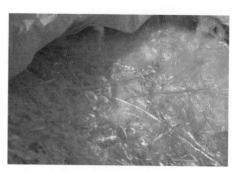

图 3　吨袋中的丝束货物

③ 将纤维样品裁短后进行相关性能测试，结果见表 1。

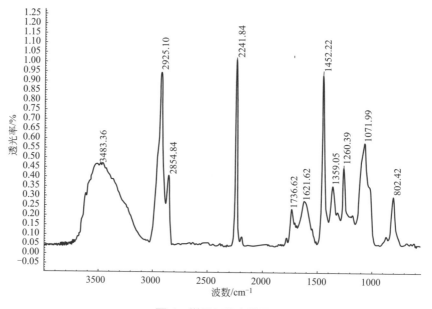

图 4　样品红外光谱图

表 1　样品性能测试结果

检测项目	线密度/dtex	断裂强度/（cN/dtex）	断裂强度CV/%	断裂伸长率/%	断裂伸长率CV/%	疵点含量/（mg/100g）	卷曲数/（个/25mm）
实测值	1.28	5.70	10.2	11.4	8.3	0.0	0.0
标准值	1.11 ~ 11.11	≥ 2.1	—	自定	—	≤ 100	自定
参照标准	GB/T 14335 方法 A	GB/T 14337—2008				GB/T 14339 方法 A	GB/T 14338

塑料物品固体废物
特征分析与属性鉴别

3 样品物质属性鉴别分析

腈纶是聚丙烯腈或丙烯腈质量＞85% 的丙烯腈共聚物制成的合成纤维。聚丙烯腈纤维的性能极似羊毛，弹性较好，伸长 20% 时回弹率仍可保持 65%，蓬松卷曲而柔软，保暖性比羊毛高 15%，有合成羊毛之称[1]。腈纶产品主要分为：短纤维、长束及毛条三类。

腈纶生产工艺路线按溶剂来分，主要有硫氰酸钠（NaSCN）、二甲基甲酰胺（DMF）、二甲基乙酰胺（DMAC）、二甲基亚砜（DMSO）、丙酮、碳酸乙烯酯（EC）、硝酸（HNO₃）和氯化锌（ZnCl₂）等[2]。腈纶的主要生产工艺流程为[3]：聚合→纺丝→蒸汽（或热水）热牵伸→水洗→干燥致密化→再次拉伸→卷曲→热定形→冷却→切断→打包。

腈纶生产工艺流程示意见图 5 所示。

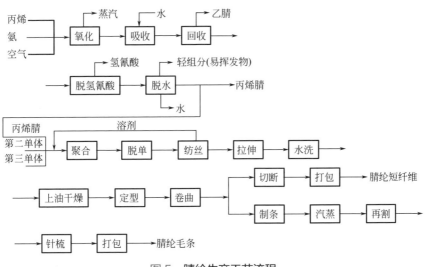

图 5　腈纶生产工艺流程

样品外观为黄白色有光泽的丝束状，丝细且长，呈并丝或多丝蓬松态，样品质地均匀、干净、无异味、无杂质，手感非常柔软光滑，用手难以扯断。口岸现场货物装于统一的包装袋内，包装完好、干净整洁，货物外观特征与海关所送样品一致。对照《腈纶短纤维和丝束》（GB/T 16602—2008）标准中的指标值，样品的线密度为 1.28dtex，满足标准最低值为 1.11dtex 的要求；样品的断裂强度为 5.70cN/dtex，满足标准最低值为 2.1cN/dtex 的要求；样品的疵点含量为 0mg/100g，证明样品在加工过程中有较好的质量控制，已达到较好的品质；样品卷曲数为 0 个 /25mm，样品无卷曲。其他性能指标均可由生产单位根据使用用途自定。

　　根据样品和现场开箱货物外观特征、性能测试结果及咨询专家意见，判断鉴别样品不是腈纶生产过程中产生的腈纶废丝或下脚料，样品来自于腈纶纤维生产工艺，是经过腈纶短纤维生产工序中大部分工序后，处于已完成定型工序、未进行卷曲工序（或目标产品不需卷曲工序）的未切断的腈纶产物，是腈纶短纤维生产过程中产生的中间产物，符合《腈纶短纤维和丝束》《GB/T 16602—2008》中的腈纶短纤维的性能指标要求。经咨询专家和查阅文献，样品货物裁切成短纤维后，可掺入混凝土拌合物中，能有效减小混凝土因失水、温差、自干燥等因素而引起的原生裂隙尺度，增强混凝土的抗塑性、开裂能力，同时也提高了混凝土的抗弯韧性、抗疲劳强度和抗弯拉强度，从而增加了混凝土道面的耐久性[4]；样品也可作为碳纤维增强材料的原料来使用。

4　结论

　　样品是以生产腈纶短纤维为目的而产生的卷曲前产物或未经卷曲产物，为腈纶短纤维生产过程中产生的中间产物，该中间产物是生产腈纶短纤维工序中不可或缺的一部分，不需要修复即可作为下一道工序的原料全部得到利用。样品产物属于有意识生产，是为满足市场需求而制造的，属于正常的商业循环或使用链中的一部分，满足短纤维使用的市场需求和质量要求。根据《固体废物鉴别标准　通则》（GB 34330—2017）第 6.1a 条的准则，判断鉴别样品不属于固体废物。

参考文献

[1] James C Masson. 腈纶生产工艺及应用 [M]. 陈国康，等译. 北京：中国纺织出版社，2004.

[2] 汪维良，任铃子. 腈纶生产工艺：第一讲 腈纶生产路线概况 [J]. 合成纤维工业，1993（04）：41-45.

[3] 崔克清. 安全工程大辞典 [M]. 北京：化学工业出版社，1995.

[4] 贾建强，翁兴中，颜祥程，等. 道面聚丙烯腈纤维混凝土的耐久性研究 [J]. 混凝土，2010（11）：59-61.

塑料物品固体废物
特征分析与属性鉴别

二十、化纤制假发

1 前言

2021 年 8 月，某海关委托中国环科院固体废物研究所对其查扣的一票"化纤制假发"的货物样品进行固体废物属性鉴别，需要确定是否属于固体废物。

2 样品特征及特性分析

① 样品以黑色为主，也有黑棕色、棕色的，样品整体干净，手感柔软，未见明显夹杂物，无明显气味；假发样品的长度在 25 ~ 40cm 间，其中一把假发长度 28cm，部分样品外观状态见图 1 ~ 图 3。样品展开后，为连续的帘状，假发的根部被整齐的粘在一起，应为加工而成，发帘宽度在 240 ~ 280cm 之间，见图 4。

图 1 黑色假发样品

图 2 棕色、黑色、混色假发样品

图 3 黑色、棕色、半黑半棕色假发

图 4 展开后的样品

② 采用傅里叶变换红外光谱仪（FTIR）和差示扫描量热分析仪（DSC），分析不同颜色样品的成分，样品的材质均为聚酯类合成纤维，可能是聚对苯二甲酸丁二醇酯（PBT）与聚对苯二甲酸乙二醇酯（PET）的共混物。

3 样品物质属性鉴别分析

发制品是时尚类快速消费品，具有多样性特点，种类繁多，其制造没有定式，工序复杂，从投料到成品，前后需经过近 20 道工序，且不同类别、款式、档次的产品需要用不同生产工艺实现。按照材质划分，假发可分为人发产品、化纤丝产品、人发与化纤丝混合产品等[1]。其中化纤丝产品又包括聚氯乙烯（PVC）基纤维、聚丙烯腈（PAN）基纤维、聚酯纤维（PET）基纤维、蛋白质基纤维等[2]。

发套是以人发或化纤丝为原料并用网帽织制而成的发制品[1]，可直接整个佩戴在头上，其生产工艺步骤包括开料、整毛、磅发计量、排发、截发裁帘子、洗水、插发与压三坑、卷发造型、烘发定形等。在这些工艺步骤中，排发是指将发丝做到一条线上，排发机一般有三个机头和一个胶水盒，把计量好的发丝通过排发机排成一条发帘，最后通过胶轮，将排好的发帘滚上一层假发专用胶水，使发帘牢固，不掉发丝和不脱落发丝是衡量排发质量的重要依据。经咨询相关专家，发帘是接发和假发用的原材料，也可以直接将发帘编制到头上或制作成头套。

样品为经过排发加工的发帘，主要成分为聚酯类合成纤维，可作为接发和假发用的原材料，也可直接将发帘编制到头上或制作成头套。

4 结论

样品为经过排发加工处理的发帘，主要成分为聚酯类合成纤维，样品并没有显示凌乱、脏污、刺激性气味等废弃物特征。可以作为接发和假发的原材料使用，也可以直接将发帘编制到头上或制作成头套。根据《固体废物鉴别标准 通则》（GB 34330—2017）第 6.1a 条的准则，判断鉴别样品不属于固体废物。

参考文献

[1] 刘让同，李亮，朱雪莹，等. 发制品产品工艺阐释及发展趋势 [J]. 天津纺织科技，2017（01）：60-64.

[2] 魏亮. 发制品湿热定形工艺及效果研究 [D]. 西安：西安工程大学，2013.

塑料物品固体废物
特征分析与属性鉴别

下篇

鉴别为固体废物的案例

一、废芳纶纤维丝

1 前言

2021 年 2 月，某海关委托中国环科院固体废物研究所对其查扣的一票"芳纶短纤"货物样品进行固体废物属性鉴别，需要确定是否属于禁止进口的固体废物。

2 样品特征及特性分析

① 样品外观特征描述见表 1，样品外观状态见图 1 ～图 4。

表 1 样品外观描述

分类	外观描述
黄色纤维样品	有潮霉异味，单根与散绒状样品交缠在一起，单股样品长度在 5cm 及以上，有小的编织块状物，凌乱无序
柠檬黄色纤维样品	有潮霉异味，单根与散绒状样品交缠在一起，较多成坨状；单股样品长度在 5cm 及以上，有少量样品有打褶、脏污、沾染异色的现象，发现有小的织物

② 采用傅里叶变换红外光谱仪（FTIR）分析两种样品成分，均为芳纶，或存在某些（表面 / 基体）变 / 改性，红外光谱图见图 5 和图 6。

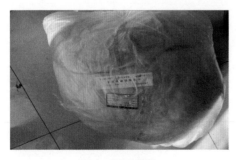

图 1 样品包装

图 2 棕黄色样品

塑料物品固体废物
特征分析与属性鉴别

图 3　柠檬黄色样品

图 4　从样品中挑出的小编织碎块

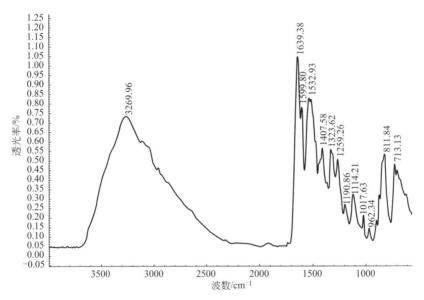

图 5　棕黄色样品红外光谱图

3　样品物质属性鉴别分析

芳纶纤维全称为"聚对苯二甲酰对苯二胺"，是一种新型高科技合成纤维，具有超高强度、高模量和耐高温、耐酸耐碱、质量轻等优良性能，其强度是钢丝的 5～6 倍，模量为钢丝或玻璃纤维的 2～3 倍，韧性是钢丝的 2 倍，而质量仅为钢丝的 1/5 左右，在 560℃的温度下不分解、不融化。它具有良好的绝缘性和抗老化性能，具有很长的生命周期。根据化学结构的不同，芳纶纤维可分为间位芳纶纤维（MPIA）和对位芳纶纤维（PPTA）。其短纤维可用作耐摩

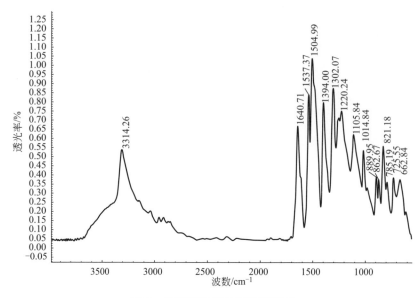

图 6　柠檬黄色样品红外光谱图

擦材料，密封材料，取代容易致癌的石棉纤维，还可用于增强混凝土。

芳纶短纤维的制备有两种典型方法[1]：

①经 PPTA-H$_2$SO$_4$ 液晶溶液干喷湿纺法获得长丝后再切割成所需长度得到。此种方法得到的短纤维两端大小相同，长度均一，纤维表面光滑，缺少化学活性基团，憎水性强。

② 把缩聚后的低温缩聚溶液不经纺丝，而加入沉淀剂在搅拌的情况下直接沉析得到短纤维。由该法获得短纤维长度为 1～50mm，直径为 2～100μm，具有针状末端，外观类似木材纤维，且纤维表面有少许微细纤维。这种纤维具有较大的比表面积和比较适宜的长径比，更有利于打浆处理，进而有利于纸张的抄造成形，也更适用于复合材料。

样品成分均为芳纶；各样品均出现明显的皱褶，是纤维生产中通常的"卷曲"工序造成的，样品外观形态为短纤维，不排除经过了剪切处理；样品有明显的霉潮味，是纺织油剂和表面偶联剂的味道，也与贮存、运输条件不当有关；样品夹杂有类似尼龙扣带的残碎片，样品中小碎片织物属于制作增强材料（如织布）时的废料、下脚料；样品颜色不均，有明显的脏污、沾染异色，是纺丝生产过程中的废料、油污料、扫地料等。总之，样品是芳纶维纺丝、纺织过程中产生的不合格品或副产下脚料。

4 结论

样品总体性状仍较差，不能满足纺织品原料要求，仍是芳纶纤维纺丝、纺织过程的废料、下脚料，属于"生产过程产生的不合格品、残次品、废品"或"产品加工和制造过程中产生的下脚料、边角料、残余物质等"。根据《固体废物鉴别标准 通则》（GB 34330—2017）第 4.1 条和 4.2 条的准则，判断鉴别样品属于固体废物。

样品进口时间为 2020 年 11 月 6 日，根据 2017 年 12 月环境保护部、商务部、发展改革委、海关总署、国家质检总局发布第 39 号公告的《禁止进口固体废物目录》第九部分为废纺织原料及制品，序号 76 为"5505100000 合成纤维废料"，建议将鉴别样品归于此类废物，因而进一步判断鉴别样品属于我国禁止进口的固体废物。

参考文献

[1] 江明，陆赵情，张美云，等. 对位芳纶纤维结构、性能及其应用 [J]. 黑龙江造纸，2013，41（03）：3-6.

二、废聚酯纤维丝

1 前言

2018 年 11 月，某海关委托中国环科院固体废物研究所对其查扣的一票"聚酯长丝丝束"货物进行固体废物属性鉴别，需要确定是否属于禁止进口的固体废物。

2 货物特征及特性分析

① 货物放置于集装箱内，由白色编织袋包装，铁丝捆扎；货物为白色丝束状化纤纤维，丝细且长，手感柔软，部分货物有明显潮湿，用手难以扯断；从 3 个集装箱中随机抽取 4 个不同状态的样品；取样情况见表 1，货物照片见图 1～图 4，取的样品外观状态见图 5～图 8。

表 1　取样情况

序号	货物描述	取样情况
1	箱内货物堆放整齐，为白色不透明长丝束，手感松软，上有弯曲褶皱，明显成束，丝条上无明显疵点，用手难以扯断	抽取 1 号样品
2	箱内货物大部分整齐堆放，有的已拆包、散落堆置，露出丝束有脏污现象。货物有 3 种状态： （1）白色不透明丝束，手感松软，上有弯曲褶皱，丝条上无明显疵点，用手难以扯断，状态与 1 号样品一致，占货物中的大部分； （2）白色不透明杂乱成团的单丝状态，丝条手感僵硬，长度和纤度不均，手扯强度和伸长率较低，丝条中存在大量僵丝（纤维缺乏卷曲弹性及蓬松性）； （3）白色不透明绒状丝束，潮湿，部分丝绒手感蓬松未见褶皱，部分丝绒成束，有弯曲褶皱，丝条上无明显疵点，用手可扯断	抽取 2 号和 3 号样品
3	箱内货物堆放整齐，为白色不透明长丝束，手感更为松软，较为蓬松，上有弯曲褶皱，明显成束，单丝纤度均匀，丝条上无明显疵点，存在油剂和水分，用手难以扯断	抽取 4 号样品

② 采用傅里叶变换红外光谱仪（FTIR）、差示扫描量热仪（DSC）分析样品的成分和结构，均为皮芯结构复合纤维，其中芯层为聚对苯二甲酸乙二醇

塑料物品固体废物
特征分析与属性鉴别

图1　现场扯开丝束

图2　箱内已拆包的货物

图3　现场扯开丝束货物

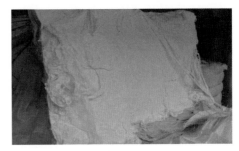

图4　箱内货物（潮湿）

图5　1号样品

图6　2号样品

图7　3号样品

图8　4号样品

酯（PET），皮层为聚乙烯（PE），样品成分定性结果见表2，红外光谱图见图9（DSC 曲线图略）。

表2　样品成分定性分析结果

样品	PET 含量 /%	PE 含量 /%
1 号	34.2	65.8
2 号	36.9	63.1
3 号	35.4	64.6
4 号	33.3	66.7

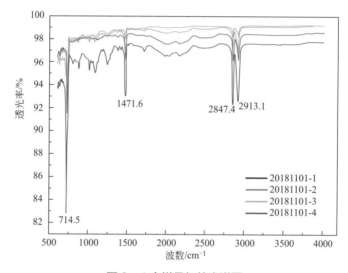

图9　4 个样品红外光谱图

③ 使用偏光显微镜 500 倍镜观察 4 个样品，透光性较好的 1 号、3 号、4

图10　1 号样品 500 倍镜下图像

图11　2 号样品 500 倍镜下图像

塑料物品固体废物
特征分析与属性鉴别

图 12 3 号样品 500 倍镜下图像

图 13 4 号样品 500 倍镜下图像

号样品可见明显的"皮芯"结构，2 号样品由于透光性不高"皮芯"结构不明显，见图 10～图 13。

④ 对样品进行纤维性能测试，结果见表 3。

表 3 样品性能测试结果

项目 样品	线密度 /dtex	断裂强度 /（cN/dtex）	断裂伸长率 /%	疵点含量 /（mg/100g）
1 号	7.22	断裂伸长率超出仪器范围，纤维未断裂，无法得出断裂强度	断裂伸长率 >200%，超出仪器范围	23
2 号	45.7	0.6	7	超出标准范围
3 号	7.89	断裂伸长率超出仪器范围，纤维未断裂，无法得出断裂强度	断裂伸长率 >200%，超出仪器范围	19
4 号	5.65	断裂伸长率超出仪器范围，纤维未断裂，无法得出断裂强度	断裂伸长率 >200%，超出仪器范围	69

3 货物物质属性鉴别分析

（1）复合纤维

复合纤维是将两种或两种以上成纤高聚物的熔体或浓溶液，利用组分、配比、黏度或品种的不同，分别输入同一个纺丝组件，在组件中的适当部位汇合，在同一纺丝孔中喷出而成为一根纤维，称为复合纤维。复合纤维品种很多，有并列型、皮芯型、散布型（海岛型）等。

（2）聚酯长丝

聚酯（PET，聚对苯二甲酸乙二酯）纤维是由大分子链中的各链节通过酯基连成的聚合物纺制的合成纤维。我国对聚对苯二甲酸乙二酯含量＞85%的纤维简称为涤纶。

聚酯长丝包括普通长丝（复丝）、工业用长丝、弹力丝、空气变形丝等品种。在聚酯长丝纺丝工艺中，由于聚酯属于结晶性高聚物，其熔点低于分解温度，因此常采用熔体纺丝法纺丝，基本过程包括熔体制备、熔体自喷丝孔挤出、熔体细流的拉长变细同时冷却固化以及纺出丝条的上油和卷绕。聚酯长丝纺丝工艺特点如下：

①　对原材料的质量要求高，原料切片（或熔体）的质量和可纺性与产品品质密切相关，要求切片含水率低；

②　工艺控制要求严格，为保证纺丝的连续性和均一性，工艺参数需严格控制；

③　高速度、大卷装：聚酯长丝的纺丝绕卷速度为 1000 ～ 8000m/min，不同绕卷速度下得的卷绕丝具有不同的性能，随着纺丝速度的提高，长丝筒子的卷装重量越来越重，卷绕丝筒子的净重从 3 ～ 4kg 增至 15kg[1]。

（3）聚酯短纤维

聚酯纺制短纤维时，多根线条集合在一起，经给湿上油后落入盛丝桶。再经集束、拉伸、卷曲、热定形、切断等工序得到成品。如在拉伸后经过一次180℃左右的紧张热定形，则可得到强度达到 6cN/dtex 以上、伸长率在 30% 以下的高强度、低伸长率短纤维。涤纶短纤维分为棉型短纤维（长度 38mm）和毛型短纤维（长度 56mm），分别用于跟棉花纤维和羊毛混纺。

鉴别货物为白色丝束状化纤纤维，丝细且长，大部分有弯曲褶皱，明显成束，为股丝状态，单丝纤度均匀，干净无异味无异物无杂质，手感柔软光滑，用手难以扯断；也有货物呈单丝杂乱团状，手感僵硬。现场货物外观与聚酯长丝产品外观差异较大，未出现聚酯长丝典型工艺 - 卷绕工序所使用的"筒子"，纤维成股堆置袋内，断头多、毛丝多，也不是成筒包装。

所取样品均为外皮为聚乙烯（PE），内芯为聚酯（PET）的"皮芯"结构的复合纤维；1 号、3 号、4 号样品断裂伸长率 >200%，在仪器测试范围内纤维未断裂，推测样品是由于未经过牵伸工序（注：牵伸的目的是为提高纤维的断裂强度，降低断裂伸长率，提高耐磨性和对各种形变的强度）而造成的断裂伸长率过大，明显不符合经过完整工序的正常化纤纤维断裂伸长率为10% ～ 50% 的要求；1 号、3 号样品存在油剂和水分；2 号样品外观与聚酯短纤维产品有相似处，样品丝条僵硬，单丝杂乱成团，疵点含量超出标准检测范围。

塑料物品固体废物
特征分析与属性鉴别

综合判断 4 个样品均不是聚酯长丝产品，也非来自于聚酯长丝生产工艺；1 号、4 号样品为聚酯短纤维后纺过程中经过上油工序，还未经过完全牵伸、卷曲、热定型和切断工序的中段废丝；2 号样品为初纺过程中丝条剔除的僵丝，是纺丝喷丝过程中产生的废丝；3 号样品有卷曲存在，但没有形成均一的切断长度，表明是进入切断工序前产生的废丝。

4 结论

从货物外观特征、纤维长度、品质、力学性能等方面都不能满足纺织品原料要求，是"生产过程中产生的不符合国家、地方制定或行业通行的产品标准且存在质量问题的物质""生产过程产生的不合格品、残次品、废品"；由于性状较差、僵丝明显等原因，使用价值、范围、方式都受到了限制，不符合相关产品标准要求，根据《固体废物鉴别标准 通则》（GB 34330—2017）第 4.1 条的准则，判断鉴别货物为聚酯纤维生产过程中产生的废丝。

根据 2017 年 12 月环境保护部、商务部、发展改革委、海关总署、国家质检总局发布第 39 号公告的《禁止进口固体废物目录》第九部分为废纺织原料及制品，序号 76 为"合成纤维废料（包括落棉、废纱及回收纤维）"，建议将鉴别货物归于此类废物，因而进一步判断鉴别样品属于我国禁止进口的固体废物。

参考文献

[1] 肖长发，尹翠玉，张华，等. 化学纤维概论 [M]. 北京：中国纺织出版社，2015.

三、聚苯硫醚（PPS）废丝

1 前言

2018 年 10 月，某海关委托中国环科院固体废物研究所对其查扣的一票进口 "聚苯硫醚纤维" 的货物样品进行固体废物属性鉴别，需要确定是否属于国家禁止进口的固体废物。

2 样品特征及特性分析

①样品为杂乱无序的团丝，1 号样为米白色半透明纤维，为单丝状态，丝条手感僵硬，长度和纤度不一，丝条上有明显疵点且伴随有块状僵丝；2 号样为米白色半透明纤维，为复丝状态，丝条手感僵硬，长度和纤度不均，丝条中存在大量僵丝。

样品外观状态见图 1～图 4。

②采用傅里叶变换红外光谱仪（FTIR）分析样品成分，为聚苯硫醚（PPS），红外光谱图见图 5 和图 6。

③参照《聚苯硫醚牵伸丝》（FZ/T 54068—2013）对样品进行相关性能测试，1 号样品无法进行性能测试，2 号样品测试结果见表 1。

图1　1号样品外观

图2　1号样纤维杂乱，纤度不一

图3　2号样品外观　　　　　　　　图4　2号样纤维杂乱，明显僵丝

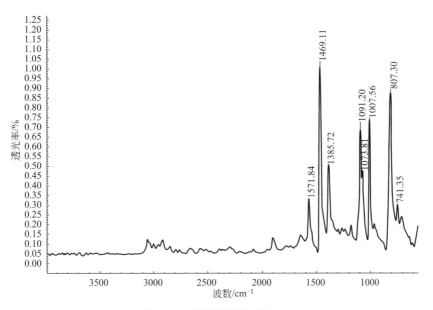

图5　1号样品红外光谱图

表1　2号样品的性能测试结果

检测项目	线密度/dtex	断裂强度/（cN/dtex）	断裂伸长率/%	疵点含量/（mg/100g）	180℃干热收缩率/%
实测值	30.6	断裂伸长率超出仪器范围，纤维未断裂，测不出断裂强度	断裂伸长率>200%，超出仪器范围	$7.1×10^4$	21.1
标准值	110.0~660.0	≥3.30	自定	自定	自定

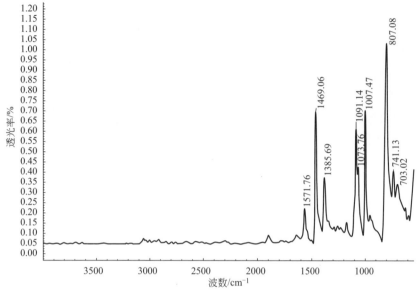

图6 2号样品红外光谱图

3 样品物质属性鉴别分析

（1）聚苯硫醚纤维

聚苯硫醚（PPS）纤维的大分子由苯环和硫原子交替排列而成，是一种结构较为规整的半结晶高聚物，属于高性能纤维。PPS纤维基本性能有：呈琥珀色，断裂强度3～4cN/dtex，断裂伸长率25%～35%，初始模量2.65～3.53N/tex等。该纤维还具有优良的耐化学腐蚀性、水解性及阻燃性，可用作阻燃织物、家庭装饰织物、烟道气过滤材料等。

PPS树脂是热塑性材料，由于PPS在200℃以下几乎不溶于任何溶剂，难以进行湿法纺丝，因此选择熔融纺丝的方法。纺丝工艺流程如图7所示[1]。

图7 PPS生产工艺流程示意

1）预处理

PPS 树脂在熔融过程中会产生热解、氧化降解，导致大分子链断裂，甚至产生交联，影响纤维的成型，无法正常纺丝。降解反应与 PPS 切片的含水率高低有密切关系。因此 PPS 切片在纺丝前应进行干燥、预结晶处理。

2）纺丝条件

PPS 纤维纺丝温度和纺丝速度是影响其性能的主要参数。纺丝温度是根据 PPS 树脂的相对分子质量和熔点来确定的。纺丝温度过高一方面 PPS 树脂更容易被氧化交联，另一方面 PPS 的分子链也容易发生断裂；此外，PPS 熔体黏度会很低，这样纺出的纤维容易出现毛丝、断头。纺丝温度过低，PPS 熔体黏度大，纺丝困难纤维均匀性也差。纺丝速度太低，PPS 纤维的拉伸倍数增大，丝条不匀，产量下降不利于后加工；纺丝速度太高，纺丝张力过大，断头多、毛丝多。PPS 熔体丝条固化形成纤维过程中，一般采用热风冷却的方法。

3）热定型条件

PPS 纤维的热定形使纤维的结晶度和微晶尺寸晶格结构均发生变化。热定形温度可控制在 130 ~ 160℃，该温度下对 PPS 拉伸纤维进行热处理，可使结晶度增加到 60% ~ 80%。

经咨询行业专家，PPS 废料的来源主要有 3 种：

① 纺丝喷丝过程中产生的纺丝废料，PPS 熔融过程中产生热解、氧化降解，导致大分子链断裂，甚至产生交联，影响纤维的成型，无法正常纺丝，其特点是丝质僵硬、单丝杂乱或熔融成块，出现毛丝、断头等，纺出的丝未经过取向及结晶，几乎没有断裂伸长率；

② 经过取向及结晶后未经过牵伸时产生的废丝，特点是具有较大的断裂伸长率，存在明显的僵丝（纤维缺乏卷曲弹性及蓬松性）等；

③ 牵伸过程中产生的牵伸废丝，其特点是丝粗细不均匀、性能不稳定及长短不一、杂乱脏污等。

（2）样品产生来源分析

1 号样品为米白色半透明纤维状，为单丝状，丝条手感僵硬，长度和纤度不一，丝条上有明显疵点且伴随有块状僵丝，并存在有毛丝、断头，应是 PPS 熔融过程中产生热解、氧化降解，导致大分子链断裂，甚至产生交联，致使熔体黏度过低造成。

2 号样品为米白色半透明纤维状，为复丝状，丝条手感僵硬，长度和纤度不均，丝条中存在大量僵丝，应是 PPS 纺丝过程中设备参数不稳定、温度过高造成；其线密度为 30.6dtex，明显低于《聚苯硫醚牵伸丝》（FZ/T 54068—

2013）中线密度110.0～660.0dtex的要求；断裂伸长率>200%，超出仪器范围，明显不符合正常PPS纤维断裂伸长率为25%～35%的性能要求，断裂伸长率超出正常范围值应是由于样品未经牵伸造成；断裂强度由于纤维未断裂而导致无法测出，明显不符合正常PPS纤维断裂强度≥3.30cN/dtex的性能要求；2号样品的疵点含量为$7.1×10^4$mg/100g，相当于100g样品中有71g为疵点，不符合正常PPS纤维的性能要求。

样品纤维结晶度严重不足，导致呈半透明状；样品纤维性能与纺织纤维要求的性能不符，存在毛丝、断头、疵点、僵丝，也不能够用于后期的纺织加工。判断1号样品为丝条中剔除的僵丝，是纺丝喷丝过程中产生的纺丝废料；2号样品为PPS短纤维加工过程中，喷丝后未经过牵伸及后续工艺的废料。

4 结论

样品是"生产过程中产生的不符合国家、地方制定或行业通行的产品标准且存在质量问题的物质""生产过程产生的不合格品、残次品、废品"。根据《固体废物鉴别标准　通则》（GB 34330—2017）第4.1条的准则，判断鉴别样品属于固体废物，均为聚苯硫醚纤维生产过程中产生的废丝。

根据2017年12月环境保护部、商务部、发展改革委、海关总署、国家质检总局发布第39号公告的《禁止进口固体废物目录》第九部分为废纺织原料及制品，序号76为"合成纤维废料（包括落棉、废纱及回收纤维）"，建议将样品归于此类废物，因而进一步判断鉴别样品属于我国禁止进口的固体废物。

参考文献

[1] 马海燕，张浩，刘兆峰. 聚苯硫醚纤维的纺丝与改性 [J]. 纺织导报，2006（04）：77-80.

塑料物品固体废物
特征分析与属性鉴别

四、人造纤维废丝

1 前言

2018 年 12 月,某海关委托中国环科院固体废物研究所对其查扣的一票"人造纤维"的货物样品进行固体废物属性鉴别,需要确定是否属于国家禁止进口的固体废物。

2 样品特征及特性分析

①样品为白色有光泽的蓬松丝状物,干净无异味、无可见杂质,样品状态不同,外观描述见表 1,样品的外观状态见图 1～图 6。

表 1 样品的外观状态

样品	外观描述
1(A)号	白色柔顺光滑长丝,可缕出成股等长度丝束,断面整齐,应为从筒子上剪裁剥下形成
1(B)号	白色细长丝,蓬松柔软,丝丝混乱,相互缠绕
2(A)号	白色顺滑长丝,丝条成股,略感僵硬
2(B)号	白色长丝,蓬松柔软,丝条混乱,相互缠绕
3号	白色成股长丝,丝条上有褶皱,丝条混乱,相互缠绕
4号	白色蓬松散乱长丝,明显有成粘连块但可用手撕扯开,撕扯后可见其是由长丝反复有序折叠粘连而成

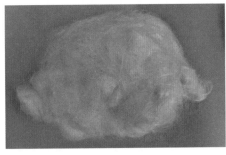

图1 1(A)号样品外观

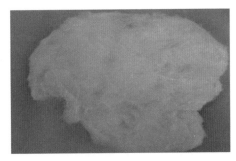

图2 1(B)号样品外观

图3　2（A）号样品外观

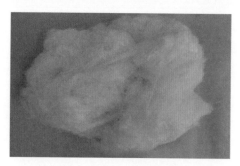

图4　2（B）号样品外观

图5　3号样品

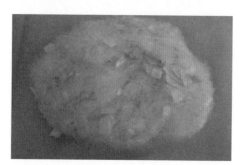

图6　4号样品

②采用傅里叶变换红外光谱仪（FTIR）分析样品的成分，均为纤维素改性纤维，红外光谱图见图7～图12。

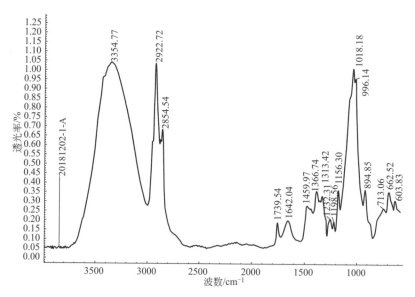

图7　1（A）号样品红外光谱图

塑料物品固体废物
特征分析与属性鉴别

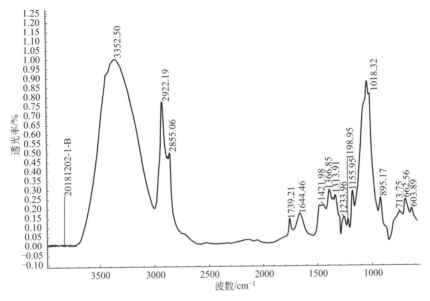

图8 1（B）号样品红外光谱图

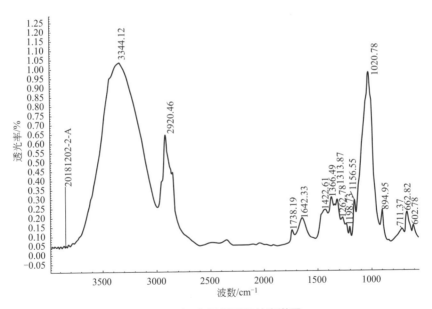

图9 2（A）号样品红外光谱图

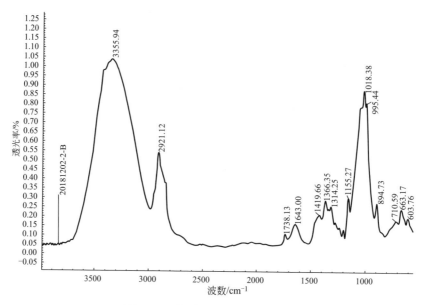

图10 2（B）号样品红外光谱图

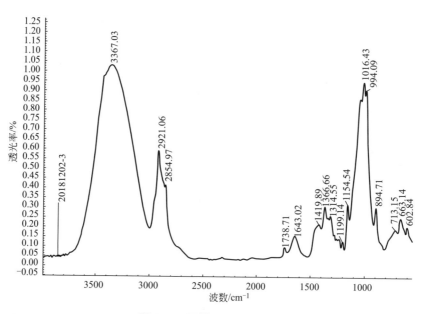

图11 3号样品红外光谱图

塑料物品固体废物
特征分析与属性鉴别

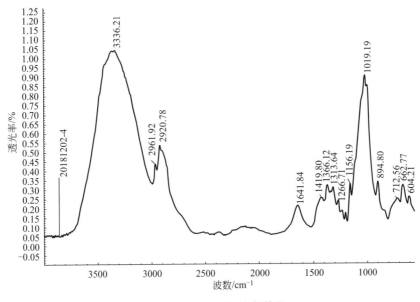

图 12　4 号样品红外光谱图

③由于样品纤维散乱，是不规整的丝束，无法按照丝束对其进行性能测试，将其裁剪为短纤维进行相关性能测试，结果见表 2。

表 2　样品性能测试结果

性能测试项目	线密度 /dtex	干断裂强度 / (cN/dtex)	干断裂伸长率 /%	湿断裂强度 / (cN/dtex)	湿断裂伸长率 /%	回潮率 /%
1（A）号样	1.16	2.72	20.45	2.18	33.02	9.74
1（B）号样	1.51	2.02	12.67	1.34	22.60	9.52
2（A）号样	1.08	2.00	12.29	2.27	28.94	9.61
2（B）号样	1.62	1.85	23.32	1.58	35.41	9.35
3 号样	1.16	2.54	14.73	2.18	25.33	9.68
4 号样	1.98	1.69	14.61	1.42	31.38	10.44
检验方法	GB/T 14335—2008	GB/T 14337—2008				GB/T 6503

3 样品物质属性鉴别分析

（1）人造纤维

人造纤维是化学纤维的两大类之一，竹子、木材、蔗渣、棉子绒等都是制造人造纤维的原料。人造纤维分为人造丝、棉、毛三种，重要品种有黏胶纤维、醋酸纤维、铜氨纤维等。

1）黏胶纤维

以"木"作为原材料，从天然木纤维素中提取并重塑纤维分子而得到的纤维素纤维，它是以天然纤维（木纤维，棉短绒）为原料，经碱化、老化、磺化等工序制成可溶性纤维素黄原酸酯，再溶于稀碱液制成黏胶，经湿法纺丝而制成。具有棉的本质、丝的品质，是地道的植物纤维，源于天然而优于天然。广泛运用于各类内衣、纺织、服装、无纺等领域。

黏胶纤维的生产有黏胶长丝和黏胶短纤维，黏胶长丝与黏胶短纤维的纺丝原液制备工艺基本相同，但纺丝工艺有较大的差别。根据样品线密度范围，可参考《粘胶短纤维》（GB/T 14463—2008）中棉条型黏胶短纤维的物理特性见表3。

表3　棉条型黏胶短纤维的物理特性

等级	干断裂强度 /（cN/dtex）	干断裂伸长率 /%	湿断裂强度 /（cN/dtex）	线密度 /dtex
优等品	≥ 2.15	17 ~ 21	≥ 1.20	
一等品	≥ 2.00	16 ~ 22	≥ 1.10	1.10 ~ 2.20
合格品	≥ 1.90	15 ~ 23	≥ 0.95	

2）醋酸纤维

即纤维素醋酸酯。醋酸纤维素以醋酸和纤维素为原料经酯化反应制得的人造纤维。结构式可表示为：$[(C_6H_7O_2)(OOCCH_3)_3]_n$。

醋酯纤维分为二型醋酯纤维和三醋酯纤维两类。通常醋酯纤维即指二型醋酯纤维。它是人造纤维的一种，一般用精制棉子绒为原料制成三醋酸纤维素脂，溶解在二氯甲烷中成仿丝溶液而用干纺法成形，耐光性较好，染色性能较差，一般制成短纤维，可用作人造毛；也可制成强力醋酸纤维。

3）铜氨纤维[1]

属于再生纤维素纤维，它是将棉短绒等天然纤维素原料溶解在氢氧化铜或碱性铜盐的浓氨溶液中，配成纺丝液，经过滤和脱泡后，在水或稀碱溶液的纺丝浴中凝固成形，再在 2% ~ 3% 浓硫酸溶液的第二浴液中使铜氨纤维素分子化合物发生分解再生出纤维素。生成的水合纤维素纤维经洗涤，在用稀盐酸处理除去铜的残迹，再经洗涤上油并干燥而形成。

铜氨纤维具有会呼吸、清爽、抗静电、悬垂性佳四大功能。纤维截面近似圆形，强度高，颜色洁白，光泽柔和悦目，手感柔软；表面多孔，没有皮层，所以有优越的染色性能，吸湿、吸水；其纤维密度较真丝、涤纶等大，因此极具悬垂感；其回潮率较高，仅次于羊毛，与丝相等，而高于棉及其他化纤，因而吸湿效率高，使人们穿着更具舒适感。它分为长丝和短纤维两种，一般线密度在 1.32dtex 以下。铜氨纤维的物理特性如表 4 所列 [2]。

表 4　铜氨纤维的物理特性

纤维类型	线密度/dtex	干断裂强度/（cN/dtex）	干断裂伸长率/%	湿断裂强度/（cN/dtex）	湿断裂伸长率/%	回潮率/%
短纤	< 1.32	2.6 ~ 3.0	14 ~ 16	1.8 ~ 2.2	25 ~ 28	11 ~ 13
长丝	< 1.32	1.6 ~ 2.4	10 ~ 17	1.0 ~ 1.7	15 ~ 27	11 ~ 13

（2）样品产生来源分析

红外光谱分析确定 6 个样品均为纤维素改性纤维，推测其为铜氨纤维或黏胶纤维中的一种；将样品裁切为短纤维对其进行性能测试，6 个样品中只有 1（A）号样品完全满足《粘胶短纤维》（GB/T 14463—2008）中棉条型黏胶短纤维的性能要求，其余样品均不满足；同时实验数据表明，6 个样品均不满足铜氨短纤维的相关指标要求。

样品来源分析如下：

① 1（A）号样品可缕出成股等长度丝束，是卷绕在筒子上的铜氨长丝或黏胶长丝经剪裁剥下的丝条，丝条混乱相互缠绕，已无法按照正常产品进入下一步工序正常使用，应为回收的废丝。

② 1（B）号样品应是短纤维工艺中已完成前纺工艺、尚未进行切断工艺的产物，丝条混乱相互缠绕，无法按照正常切断工艺上机操作，多项指标不符合铜氨短纤维、黏胶短纤维一般性能指标要求，属于回收的废丝。

③ 2（A）号样品应是短纤维后纺工艺中某环节的产物，并非最终产品，样品丝条成股混乱缠绕，手感僵硬，无法再进行正常加工，多项指标不符合铜氨短纤维、黏胶短纤维一般性能指标要求，属于回收的废丝。

④ 2（B）号样品应是短纤维工艺中已完成前纺工艺、尚未进行切断工艺的产物，丝条混乱相互缠绕，无法按照正常切断工艺上机操作，多项指标不符合铜氨短纤维、黏胶短纤维一般性能指标要求，应为回收的废丝。

⑤ 3 号样品应是短纤维工艺后纺中的前部分工序产生的产物，丝条上有褶皱，已经过打褶工艺，但未切断，丝条混乱相互缠绕，多项指标不符合铜氨短纤维、黏胶短纤维一般性能指标要求，属于回收的废丝。

⑥ 4 号样品属于短纤维后纺工序中的产物（前纺工序是长丝工艺），由于其丝条反复折叠成块成串，推测是在后纺加工中出现异常，导致纤维发僵、粘连，样品已无法正常使用，多项指标不符合铜氨短纤维、黏胶短纤维的一般性能指标要求，属于回收的废丝。

4　结论

样品是"生产过程中产生的不符合国家、地方制定或行业通行的产品标准且存在质量问题的物质""生产过程产生的不合格品、残次品、废品"。根据《固体废物鉴别标准　通则》（GB 34330—2017）第 4.1 条的准则，判断鉴别样品属于固体废物。

根据 2017 年 12 月环境保护部、商务部、发展改革委、海关总署、国家质检总局发布第 39 号公告的《禁止进口固体废物目录》第九部分为废纺织原料及制品，序号 76 为"合成纤维废料（包括落棉、废纱及回收纤维）"，建议将样品归于此类废物，因而进一步判断鉴别样品属于我国禁止进口的固体废物。

参考文献

[1] 张淑梅，庄军祥. 铜氨纤维的性能及纺纱工艺实践 [J]. 人造纤维，2008，38（03）：30-32.
[2] 刘晓妹，李红霞. 铜氨纤维及其应用 [J]. 毛纺科技，2015，43（03）：59-62.

塑料物品固体废物
特征分析与属性鉴别

五、严重不合格乙烯 – 醋酸乙烯酯（EVA）片材

1 前言

2021 年 10 月，某海关委托中国环科院固体废物研究所对其查扣的一票"再生 EVA 片"货物样品进行固体废物属性鉴别，需要确定是否属于固体废物。

2 样品特征及特性分析

① 样品为两片灰白色 EVA 片，厚度约 1.5mm，均为边缘不规则、表面粗糙、具有较多孔洞的软质片状物，边角有部分粘连，不易分开，有零碎碎片、碎渣。

样品外观状态见图 1 ～图 4。

图 1 样品

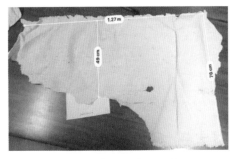

图 2 第 1 片样品尺寸

图 3 第 2 片样品尺寸

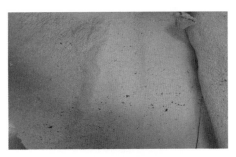

图 4 样品表面有较多气孔

② 由于两片样品材质基本一致，将其视为同一个样品进行分析。采用傅里叶变换红外光谱仪（FTIR）、差式扫描量热仪（DSC）、马弗炉、X射线荧光光谱仪对样品进行成分分析，主要为乙烯-醋酸乙烯酯共聚物（EVA），600℃灼烧后灰分为14.7%，经分析无机成分主要为碳酸钙、滑石粉、钛白粉、氧化锌等。样品定性结果见表1，600℃灼烧后残渣成分见表2，红外光谱图及DSC谱图见图5和图6。

表1 样品主要成分定性测试结果

成分类别		说明
聚合物	EVA	为主要成分
添加剂	碳酸钙、滑石粉、钛白粉、氧化锌等	总量约14.7%

表2 样品600℃灼烧后残渣主要成分（除Cl外，其他元素以氧化物计）

成分	TiO_2	SiO_2	CaO	MgO	ZnO	Al_2O_3	Cl	P_2O_5	Fe_2O_3
含量/%	37.07	22.11	21.97	11.99	4.52	0.97	0.53	0.39	0.25

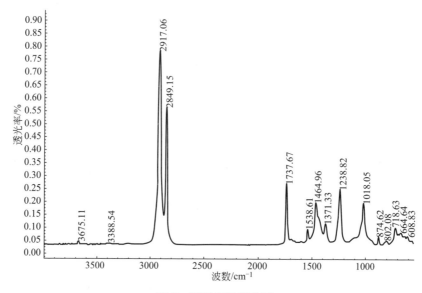

图5 样品红外光谱图

③ 通过扫描电子显微镜（SEM）观察样品结构，样品剖面泡孔大小及分布不均匀，有泡孔贯通结构，表明样品是经过发泡的EVA材料，但是发泡效果不好。样品的最大泡孔直径约200μm，孔径较大则证明样品发泡倍率较大，

见图 7 和图 8。

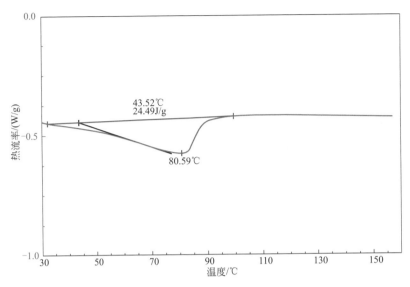

图 6　样品差示扫描量热图（DSC 图）

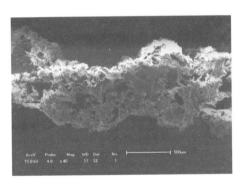

图 7　样品剖面 SEM 图（放大 40 倍）

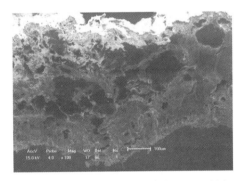

图 8　样品剖面 SEM 图（放大 100 倍）

④ 根据《乙烯 - 醋酸乙烯酯共聚物发泡片材》（QB/T 5445—2019）对样品的外观进行测试，相关实验结果见表 3。取 5 个区域，共计 $0.2m^2$；计算气孔个数，见图 9。

表 3　样品外观测试结果与标准要求对比

外观性能项目	测试结果	标准要求
花纹	花纹清晰，深浅一致，但表面粗糙	花纹应清晰，深浅一致
色差	灰白色，颜色基本均匀，外观无明显差别	颜色基本均匀，外观无明显差别

外观性能项目	测试结果	标准要求
表面气孔分布	有孔洞，边缘较多、较大；中心较少，表面气孔分布不均匀	基本一致
分层、气泡	无明显分层	无明显分层
脱色	无	无
气孔	气孔大小为 3.1 ~ 4.0mm，0.2/m²[①]有 22 个 气孔大小为 2.1 ~ 3.0mm，0.2/m² 有 72 个	气孔大小为 3.1 ~ 4.0mm，不多于 3 个/m² 气孔大小为 2.1 ~ 3.0mm，不多于 5 个/m²

① 由于样品尺寸不足 1m²，气孔测试仅能按照 0.2/m² 开展。

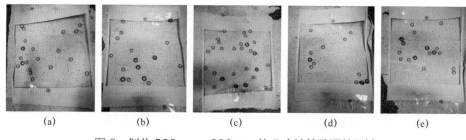

(a)　　　　　(b)　　　　　(c)　　　　　(d)　　　　　(e)

图 9　划分 200mm×200mm 的 5 个计算孔洞的区域

⑤ 根据《乙烯 - 醋酸乙烯酯共聚物发泡片材》（QB/T 5445—2019）对样品的物理性能进行测试，结果见表 4，制作的样条照片和拉伸曲线分别见图 10 和图 11。

表 4　样品物理性能测试结果

性能指标项目	单位	样品实验结果	标准要求	检测方法
表观密度	g/cm³	0.40	—	GB/T 6343—2009
拉伸强度（拉伸速度 500mm/min）	MPa	0.38	≥ 0.15	GB/T 6344—2008
断裂伸长率（拉伸速度 500mm/min）	%	32.39	≥ 100	GB/T 6344—2008
硬度	邵氏 C	25.30	>10	HG/T 2489—2007
熔体流动速率（190℃，2.16kg）	g/10min	无数据（不流动）	—	GB/T 3682—2018

塑料物品固体废物
特征分析与属性鉴别

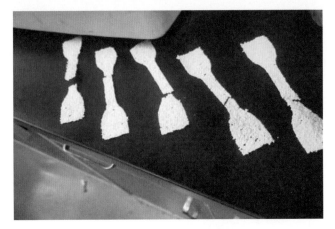

图 10　拉伸样条拉伸后图片

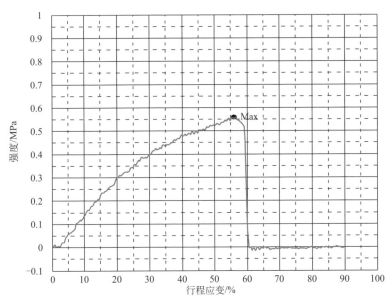

图 11　其中一个样条的拉伸曲线

3　样品物质属性鉴别分析

（1）样品不是 EVA 聚合物合成料

EVA 是乙烯 - 醋酸乙烯酯的简称，是由乙烯（E）和醋酸乙烯（VA）共聚而制得，是主要乙烯共聚物之一，是一种重要的塑料合成树脂材料。EVA 无色无味无毒，具有良好的柔软性、似橡胶弹性、透明性、低温挠曲性、化学品稳定性、黏结和着色、耐老化、耐环境应力开裂等性能[1]。

样品为不规则片状且表面粗糙、边缘不规则、有较多气孔，含有较高量的无机组分，因此可以判断鉴别样品不是 EVA 聚合物合成生产的原料。

（2）样品属于 EVA 回收料再加工的初级产物

EVA 是易于加工成型的树脂，可以挤出成型、注射成型、吹塑成型和热成型，也可以挤塑涂覆、真空成型热成型、发泡成型以及涂覆、热封、焊接等加工，加工方式及制品领域见表 5。

表5　EVA 加工方式与制品领域

加工方式	应用领域
热熔黏合剂	EVA 树脂与增粘树脂及蜡混合使用可制成热熔粘合剂，它具有优异的黏结力，广泛应用于包装、装订、木工、鞋业、塑料黏结等行业
注射制品	可制中空容器、震动吸收器、隔声板、挡泥板、地板垫、啤酒瓶等的缓冲垫、油桶及塑料容器的盖、便器盖、洗衣机密封软塞、密封环、自行车座垫、玩具、防护帽、滑雪挡板、安全帽 / 带等
发泡鞋材	鞋底、鞋垫用发泡片及其他发泡体；中高档旅游鞋、登山鞋、拖鞋、凉鞋的鞋底和内饰件；包装用物品、建筑和管线保温、隔声板、汽车零部件、耐用皮带、体操垫、游艇防护板、密封材等
挤出制品	管材，如输水管、微灌管、矿山地下管道及其他软管、电线、电缆材料（护套、内、外屏蔽材料、半导体材料、热收缩材料等）深埋管
其他	树脂还可做热熔涂层、防腐蚀涂层，并可作为油墨、漆料的基料等

EVA 是鞋底常用的发泡材料，既可以单独使用也可以同聚乙烯（PE）、天然橡胶（NR）、三元乙丙胶（EPDM）、顺丁胶（BR）、丁苯胶（SBR）掺混作鞋底材料。制作鞋底的原料除主要成分 EVA 以外，还需要加入交联剂 DCP、发泡剂 AC、三碱式硫酸铅、硬脂酸、EVA 边角填充料、硬脂酸锌、氧化锌、碳酸钙、高岭土（$Al_2O_3 \cdot 2SiO_2 \cdot 2H_2O$）、滑石粉 [$Mg_3(Si_4O_{10})(OH)_2$]、炭黑等，其中 EVA 的用量可以占到 67% ～ 91%[2-4]。在《塑料配方设计与应用 900 例》列出的各种生产 EVA 鞋底的配方中，EVA 的百分含量范围为 50% ～ 90%。再加工过程为首先要对回收料进行消泡处理，然后再添加一些助剂进行混炼，甚至再发泡，最后过辊挤出而成片状。

样品以 EVA 为主，并含有一定量的无机物，含量约为 14.7%，主要为碳酸钙、滑石粉、钛白粉、氧化锌等。通过 SEM 图可见样品剖面泡孔大小及分布不均匀，有泡孔贯通结构，表明样品是经过发泡的 EVA 材料，但发泡效果不好。样品在 190℃、2.16kg 载荷下不流动，证明该样品为交联 EVA 产物。样品边缘不规则、表面粗糙，表面气孔分布及气孔个数明显超出行业标准《乙烯 - 醋酸乙烯酯共聚物发泡片材》（QB/T 5445—2019）的要求，样品断裂伸长率远低于该标准要求。总之，判断鉴别样品是不满足产品质量标准要求的 EVA 回收料，应是回收未交联 EVA 的再加工产物。

4　结论

样品是不满足产品质量标准要求的 EVA 回收料，不符合《乙烯 - 醋酸乙烯酯共聚物发泡片材》（QB/T 5445—2019）产品质量标准的要求。依据《固体废物鉴别标准　通则》（GB 34330—2017）4.1a 条的准则，判断鉴别样品属于固体废物。

参考文献

[1] 廖明义，陈平. 高分子合成材料学 [M]. 北京：化学工业出版社，2005.
[2] 广东省 EVA 泡沫皮鞋底试制小组. EVA 泡沫皮鞋底试制总结 [J]. 皮革科技动态，1978（12）：14-16.
[3] 刘仿军，宗荣峰，鄂国平. 轻质 EVA 鞋底材料的研究 [J]. 塑料工业，2009，37（07）：65-67.
[4] 徐峰. 钛白粉性能及其应用 [J]. 化学建材，1995（02）：87.

六、回收的各种混杂废塑料

1 前言

2017 年 6 月，某海关委托中国环科院固体废物研究所对其查扣的一票"废聚丙烯（PP）杂色硬杂料，PE 杂色打捆膜及散膜"的货物进行固体废物属性鉴别，需要确定是否属于禁止进口的固体废物。

2 货物特征及特性分析

两个集装箱内盛装货物不同，其中第一个集装箱中所装货物或用铁丝缠绕打包成捆，或装于袋内；货物种类繁杂，有货物托盘破碎料；有不同规格、外表面脏污粘有泥土的硬质塑料管，有的塑料管内可见多股电线；有不同颜色的塑料颗粒、塑料碎屑混杂料、不同形状的塑料块；有表面沾有灰尘的成卷的蓝色塑料膜；有回收的各种塑料装饰物、塑料垫、打碎的警示桶、表面沾有油污的黄色塑料容器等。第二个集装箱中所装货物以成捆的塑料膜、编织袋为主，表面脏污严重，有些成捆的货物有明显切割痕迹。

从两箱货物中各随机抽取 5 捆 / 包货物，进行拆包查看。第一个集装箱的货物主要为塑料破碎料、塑料颗粒、回收塑料制品、有文字标记的表面皿（疑似实验室使用）；第二个集装箱的货物为脏污的塑料膜以及打捆的吨袋，每个袋内装塑料膜，塑料膜内含有非常严重的脏污物，散发臭气。

部分货物外观状态见图 1 ～图 16。

3 货物物质属性鉴别分析

一个集装箱内货物为回收的种类繁杂的废塑料，另一个集装箱内的货物主要为回收的塑料膜和 PP 吨袋，均为脏污严重的混杂废塑料。

塑料物品固体废物
特征分析与属性鉴别

图1 集装箱内塑料管

图2 集装箱内脏污的塑料膜

图3 掏出的货物

图4 查看货物

图5 各种颜色的塑料碎屑混杂料

图6 脏污的塑料容器打碎料和塑料垫

图7 塑料装饰物

图8 明显有油污的黄色塑料容器

图 9　断面明显切割、脏污的成捆塑料膜

图 10　编织袋内白色薄膜

图 11　编织袋内脏污货物

图 12　编织袋内脏污的塑料膜

图 13　塑料袋中包裹的塑料皿

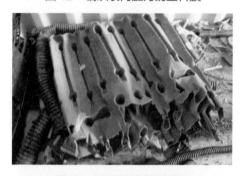

图 14　脏污的塑料隔离栏

图 15　塑料周转箱

图 16　明显脏污的硬塑料管（管内可见电线）

塑料物品固体废物
特征分析与属性鉴别

4　结论

　　鉴别货物均是回收使用过的废塑料，其中 PP 吨袋属于《禁止进口固体废物目录》中的废物；两个集装箱内的货物均未清洗干净，明显不符合《进口可用作原料的固体废物环境保护控制标准　废塑料》（GB 16487.12—2005）的要求。《固体废物污染环境防治法》第 25 条规定"进口的固体废物必须符合国家环境保护标准"，《固体废物进口管理办法》第 14 条规定"不符合进口可用作原料的固体废物环境保护控制标准或者相关技术规范等强制性要求的固体废物，不得进口"。因此，判断鉴别货物均属于进口当时我国不得进口的固体废物。

七、各种塑料板材边角碎料

1　前言

2021 年 7 月，某海关委托中国环科院固体废物研究所对其查扣的一票"塑料板"货物进行固体废物属性鉴别，需要确定是否属于固体废物。

2　货物特征及特性分析

现场查看鉴别货物由金属捆扎带固定在木质托盘上，两个集装箱内的货物状态均为塑料板，可见黑色、白色、土黄色、黄绿色、琥珀色、蓝色不同塑料板，不同颜色或相同颜色的厚度各不相同，在 1 ~ 5cm 之间，大小长短亦不同。有些形状不规则、变形、拉丝的塑料板、片被压在货物中间，部分货物状态见图 1 ~ 图 6。

现场随机抽取 6 份样品进行成分分析，其中因蓝色塑料板硬度高且尺寸大，故采集了断面带有的碎屑，样品外观状态见图 7 ~ 图 12；样品的尺寸大小见表 1，采用傅里叶变换红外光谱仪（FTIR）、差示扫描量热分析（DSC）分析样品成分，见表 2。

图 1　现场掏出货物

图 2　箱内货物

图3 琥珀色塑料板

图4 厚度不同的白色塑料板

图5 现场拆包查看

图6 压在中间的塑料片

图7 1号样品－黑色塑料板

图8 2号样品－黄色拉丝变形塑料片

图9 3号样品－琥珀色半透明塑料板

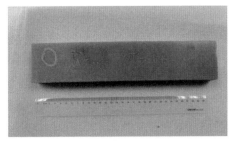

图10 4号样品－黄绿色塑料板

图11　5号样品－白色塑料板

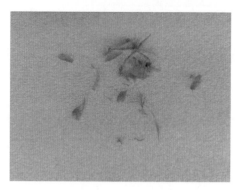

图12　6号样品－蓝色塑料板断面碎屑

表1　6个样品的尺寸大小

样品	样品尺寸
1号	长63.5cm，宽36.8cm，厚1cm
2号	拉丝变形不规则片状
3号	最长边26cm，最宽处16.2cm，厚1.9cm
4号	长31.8cm，宽6.7cm，厚2.7cm
5号	长48.5cm，宽31.1cm，厚3.8cm
6号	形状不规则的碎屑

表2　样品主要成分

样品	1号	2号	3号	4号	5号	6号
成分	尼龙66（PA66）	聚醚醚酮（PEEK）	聚醚砜（PES）	聚醚酰亚胺（PEI）	聚甲醛（POM）	聚酮（POK）

3　货物物质属性鉴别分析

（1）尼龙（PA）

尼龙（PA）是一种聚酰胺类热塑性树脂[1]，以聚己内酰胺（PA6）和聚己二酰己二胺（PA66）为主，PA66在工程塑料的应用约占消费量的60%，由于其具有强度高、刚性好、抗冲击、耐油、耐磨的特点，产品主要用于汽车部件、电力和电子器件。

（2）聚醚醚酮（PEEK）

聚醚醚酮（PEEK）是一种半晶态芳香族热塑性树脂[2]，属特种工程塑料，适用于注塑、挤出、模压、喷涂、3D打印等。因具有优良的综合性能使其在不同领域中发挥着巨大的作用，在航空航天领域，可加工成结构件和高精度零部件，如支架、电池槽等；在油气开采领域，可制作管道、密封圈、阀门等。

（3）聚醚砜

聚醚砜是一种综合性能优异的热塑性高分子材料[3]，具有良好的耐热性、流动性、稳定性，易加工成型。在众多领域，尤其是生物医疗和水处理领域，聚醚砜都有着广泛的应用。

（4）聚醚酰亚胺（PEI）

聚醚酰亚胺（PEI）是在聚酰亚胺分子链上通过改性引入醚键获得的一类高分子聚合物[4]，具有优良的机械强度、电绝缘性能、耐辐射性、耐高低温及耐疲劳性能和成型加工性。

（5）聚甲醛（POM）

聚甲醛（POM）也称为缩醛树脂[5]，是一种热塑性工程塑料，具有力学性能优异、拉伸强度优异、刚度优异等特点，是工程塑料中力学性能最接近金属材料的工程塑料。

（6）聚酮（POK）

聚酮（POK）是利用一氧化碳、乙二胺、丙烯等制成的环保型高分子材料[6]，可用于汽车、电子、产业材料等零配件。与尼龙相比，聚酮的抗冲击力要强3倍，对化学物质的稳定性也要强1.4 ～ 2.5倍；比现在最硬的材料聚缩醛还要硬14倍以上。

上述6种高分子材料根据其特性不同，应用领域不完全相同。

根据鉴别货物外观特征及对样品成分分析结果，判断鉴别货物是收集的不同材质、不同型号规格塑料板在生产加工过程中产生的裁切边角料、剩余料。

4 结论

鉴别货物是收集的不同材质、不同型号规格塑料板在使用过程中产生的裁切边角料、剩余料。根据《固体废物鉴别标准 通则》（GB 34330—2017）第 4.2a 条的准则，判断鉴别货物属于固体废物。

2020 年 9 月 1 日起施行的新《固体废物污染环境防治法》明确规定，国家逐步实现固体废物零进口。2020 年 11 月 24 日，生态环境部、商务部、发展改革委、海关总署发布《关于全面禁止进口固体废物有关事项的公告》（2020 年第 53 号），明确规定自 2021 年 1 月 1 日起禁止以任何方式进口固体废物。因此，进一步判断鉴别货物属于我国禁止进口的固体废物。

参考文献

[1] 王佳臻，蒯平宇，刘会敏，等. 国内尼龙 6、尼龙 66 产业的发展现状 [J]. 合成纤维，2021，50（03）：8-11.

[2] 周欣，罗忠. 聚醚醚酮复合材料性能特点与关键技术分析 [J]. 化学新型材料，2021，50（02）：243-247.

[3] 张翔，赵伟锋，赵长生. 功能性聚醚砜膜的研究进展 [J]. 功能高分子学报，2021，34（02）：114-125.

[4] 王晓杰. 聚醚酰亚胺树脂的制备及其纳米复合材料性能研究 [D]. 北京：北京化工大学，2016.

[5] 何欣语. 聚甲醛生产中聚合工艺发展现状及制备影响因素 [J]. 化工管理，2021（03）：158-159.

[6] 郭智臣. 韩国晓星率先开发出高分子材料聚酮 [J]. 化学推进剂与高分子材料，2014，12（01）：77.

塑料物品固体废物
特征分析与属性鉴别

八、聚对苯二甲酸丁二醇酯（PBT）不合格再生颗粒

1 前言

2018 年 3 月，某海关委托中国环科院固体废物研究所对其查扣的一票进口"PE 再生颗粒"的货物进行固体废物属性鉴别，需要确定是否属于国家禁止进口的固体废物。

2 样品特征及特性分析

整批货物共两个集装箱，参照《进口可用作原料的废物检验检疫规程 第 1 部分：废塑料》（SN/T 1791.1—2006）的要求，对仓库内货物进行抽样查看，总体特征如下：货物包装不同，有的装于小包装袋内，有的则装入吨袋内；货物颜色不同，同一包内货物的颜色有混杂的也有单一的；颜色混杂的货物有黄白混杂、黑绿混杂、黑白黄混杂、黑白橙混杂、白紫绿混杂、黄灰黑等；单一颜色的货物有黑色、蓝色、绿色的、灰色的；货物形状不同，有形状较统一的圆柱状颗粒，也有形状不规则的颗粒和破碎料。现场货物外观状况见图 1～图 7。

采用红外光谱仪对现场随机抽取的 3 个样品进行成分定性分析（样品见图 8～图 10），在 550℃下灼烧样品的烧失率，参照《塑料 拉伸性能的测定 第 2 部分：模塑和挤塑塑料的试验条件的技术》（GB/T 1040.2—2006）对样品制

图 1　黄色塑料颗粒

图 2　黑色塑料颗粒

图3　黑色和绿色塑料颗粒

图4　蓝色塑料颗粒

图5　绿色塑料颗粒

图6　不规则黑色塑料颗粒

图7　拆包取样

图8　1号样品

图9　2号样品

图10　3号样品

塑料物品固体废物
特征分析与属性鉴别

取的拉条进行拉伸性能的测试，结果见表1。

表1 测试结果

样品	外观	550℃下烧失率 /%	主要成分	拉伸强度 /MPa	拉伸断裂标称应变 /%
1号	黑色圆柱状	98.67	聚对苯二甲酸丁二醇酯（PBT）	54.0	7.1
2号	黄白相间圆柱状	96.46		57.0	7.7
3号	灰色片状	99.75		42.4	5.8

3 样品物质属性鉴别分析

根据样品的成分定性结果，鉴别货物的主体成分是聚对苯二甲酸丁二醇酯（PBT）。

PBT产品外观呈乳白色或淡黄色，从现场查看货物情况来看，鉴别货物颜色混杂，不同包装袋内货物颜色不同，同一包装袋内货物颜色也不同；货物无明显杂质，整体为颗粒状，但颗粒的大小、形状差别较大，有的为圆柱状、有的为碎片状、有的类似圆柱状粒子的破碎料；样品灼烧残留灰分比例高低不同；3个样品拉伸性能测试结果差异明显，同时3号样品的拉伸强度及拉伸断裂标称应变与1号、2号样品差异明显，且不满足PBT拉伸强度50～60MPa[1]的基本性能要求。根据上述现场查看情况及样品灰分、拉伸性能测试结果，判断鉴别货物是回收的来自塑料颗粒加工过程中不同牌号切换时产生的机头机尾料、落地料、不合格塑料颗粒的混合物，为来自回收废塑料加工的再生塑料颗粒。

4 结论

鉴别货物是回收的来自塑料颗粒加工过程中不同牌号切换时产生的机头机尾料、落地料、不合格塑料颗粒的混合物，为来自回收废塑料加工的再生塑料颗粒，外观和性能均存在明显差异，有的货物的性能指标不能满足所替代原料产品质量标准。根据《固体废物鉴别标准 通则》（GB 34330—2017）第4.1a条、第5.2条的准则，综合判断鉴别货物属于固体废物。

鉴别货物外观整体干净，没有发现夹杂物，不是回收的生活来源废塑料，符合《进口可用作原料的固体废物环境保护控制标准 废塑料》（GB 16487.12—

2005）标准的要求。2014 年 12 月 30 日，环境保护部、商务部、发展改革委、海关总署、国家质检总局发布的第 80 号公告《限制进口类可用作原料的固体废物目录》中列出"3915909000 其他塑料的废碎料及下脚料"；2017 年 8 月，环境保护部、商务部、发展改革委、海关总署、国家质检总局联合公告 2017 年第 39 号《限制进口类可用作原料的固体废物目录》中亦明确列出"3915909000 其他塑料的废碎料及下脚料"，因此，进一步判断鉴别货物属于进口当时我国限制进口类的固体废物。

参考文献

[1] 廖明义，陈平. 高分子合成材料学（下）[M]. 北京：化学工业出版社，2005.

塑料物品固体废物
特征分析与属性鉴别

九、不合格聚苯乙烯（PS）再生塑料颗粒

1 前言

2019 年 5 月，某海关委托中国环科院固体废物研究所对其查扣的一票 "PS 原色粉，副牌" 货物样品进行固体废物属性鉴别，需要确定是否属于固体废物。

2 样品特征及特性分析

① 样品为黄白色大小不一球珠状颗粒，掰开后可见内部蜂窝状，手感潮湿，有明显气味，表面有脏污；600℃下灼烧样品测其灰分为 1.0%；用孔径为 2mm、5mm 的样筛对样品进行筛分，可见 > 5mm 颗粒为白色球珠，< 2mm 的为淡黄色碎屑，有粘黏，筛分颗粒质量百分比见表 1；样品外观状态见图 1，筛分后 > 5mm 及 < 2mm 的颗粒见图 2。

表 1 样品颗粒筛分质量百分比

样筛孔径	筛下颗粒质量百分比 /%	筛上颗粒质量百分比 /%
2mm	4.19	95.81
5mm	35.48	64.52

图 1 样品

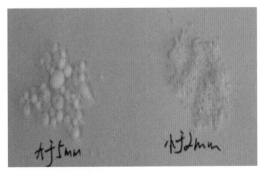

图 2 筛分出的粒径 > 5mm 及 < 2mm 的颗粒

② 采用傅里叶变换红外光谱仪（FTIR）对样品进行成分分析，主要为PS，红外光谱图见图 3。

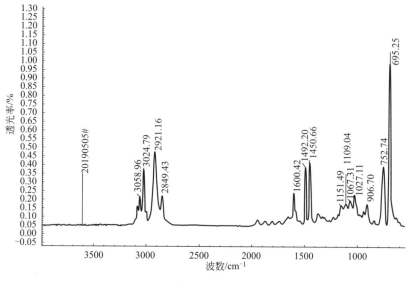

图 3　样品红外光谱图

③ 样品主体成分为 PS，参照《可发性聚苯乙烯（EPS）树脂》（QB/T 4009—2010）中规定的分析方法对制备的样条进行主要指标实验分析，实验结果见表 2。

表 2　样品性能测试结果

性能指标项目	单位	样品测试结果	检测方法	标准要求
发泡剂含量	%	无法计算发泡剂含量		4.0 ~ 6.8
残留苯乙烯	%	0.7	QB/T 4009—2010	≤ 0.6
含水量	%	7.0		≤ 1.0

3　样品物质属性鉴别分析

PS 树脂主要有通用型（GPPS）树脂、耐冲击型（HIPS）树脂和发泡（EPS）树脂三个品种[1]。EPS 是原料在蒸气作用下膨胀约 50 倍而成型的，98% 是空气，材料占 2%，是一种可固定空气的、用空气包装防震的、非常节省资源的优良包装材料[2]。EPS 由于具有封闭空腔结构，决定了其热导性

塑料物品固体废物
特征分析与属性鉴别

差，隔热好，但吸水后会对热导性造成影响，EPS 体积吸水率＜ 1% 时，其热传导系数可增大 5%；体积吸水率达到 3% ～ 5% 时热传导系数可增大 15% ～ 25%[3]。

样品主要成分为 PS，样品 600℃灼烧后灰分在 1% 左右，证明样品中添加了少量无机物，为再生塑料颗粒；样品内部为蜂窝状，其与可发性聚苯乙烯（EPS）的封闭空腔结构具有相似性；样品发泡剂含量无法计算，残留苯乙烯及含水量均不符合《可发性聚苯乙烯（EPS）树脂》（QB/T 4009—2010）中相应指标要求；样品为黄白色大小不一的球珠状，经过筛分，小粒质量占比达到 4.19%，表现为相互吸附、粘连的碎屑状，并且其中混有脏污杂质，样品外观颜色、形状及尺寸均表现出较不均匀性。综合判断鉴别样品很可能是 EPS 原料生产厂家在生产过程中产生的机头机尾料以及副牌 PS 粉的混合物，是回收的 EPS 料经过回收再加工过程而形成的产物，属于废塑料制成的再生料。

4 结论

样品为 PS 树脂颗粒，原料来源杂，其加工生产过程没有质量控制，是回收的 EPS 生产中产生的下脚料、不合格品或残次品，根据《固体废物鉴别标准 通则》（GB 34330—2017）中 4.1a、4.2a 条的准则，判断鉴别样品属于固体废物。

样品进口日期为 2018 年 12 月 31 日，根据 2018 年 4 月环境保护部、商务部、发展改革委、海关总署联合公告 2018 年第 6 号《禁止进口的固体废物目录》中明确列出"3915200000 苯乙烯聚合物的废碎料及下脚料"，建议将鉴别货物归于此类废物，因而进一步判断鉴别样品属于我国禁止进口的固体废物。

参考文献

[1] 钱伯章. 聚苯乙烯的技术发展与市场动态 [J]. 国外塑料，2011，29（06）：38-43.

[2] 崔国柱. 发泡聚苯乙烯（EPS）与环境的关系 [J]. 塑料包装，2000，10（01）：1-2.

[3] 于成龙. 可发性聚苯乙烯的应用现状分析 [J]. 化学工程与装备，2011（03）：132-133.

十、灰黑色聚乙烯（PE）再生颗粒

1 前言

2019 年 6 月，某海关委托中国环科院固体废物研究所对其查扣的一票进口"低密度聚乙烯再生粒子"的货物样品进行固体废物属性鉴别，需要确定是否属于固体废物。

2 样品特征及特性分析

① 样品为浅灰色、黑色掺杂的圆柱状颗粒，无特殊气味；样品中浅灰色较多且颗粒尺寸较大，黑色较少且颗粒尺寸较小，其中还有一些同一颗粒颜色不均的现象。随机抽选 100g 样品，按颗粒颜色分类，重量占比分别为浅灰色 60%、黑色 30%、混合色 10%。测定样品在 600℃下灼烧后的残余灰分含量，浅灰色颗粒样品为 7.2%、黑色颗粒样品为 5.0%、混合色颗粒为 3.9%。样品外观状态见图 1 和图 2。

图1　样品外观

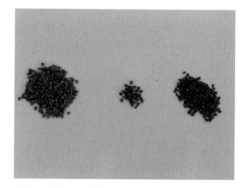

图2　样品中的浅灰色、混合色、黑色颗粒

② 采用傅里叶变换红外光谱仪（FTIR）及差示扫描量热分析仪（DSC）对样品进行成分定性分析，主要成分及 DSC 熔点见表 1，红外光谱图见图3～图5，DSC 图见图6～图8。

塑料物品固体废物
特征分析与属性鉴别

表1 样品主要成分及 DSC 熔点

颗粒样品	熔点	成分
浅灰色	约127℃，约115℃，约109℃	主要为聚乙烯（高密度、线性低密度，低密度混合）和少量无机物（可能是 TiO_2 等）
黑色	约123℃，约117℃，约107℃	
混合色	约124℃，约118℃，约108℃	

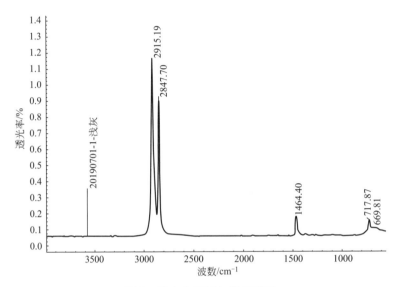

图3 浅灰色颗粒红外光谱图

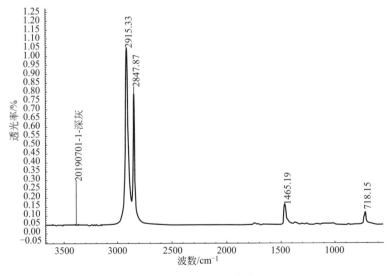

图4 黑色颗粒红外光谱图

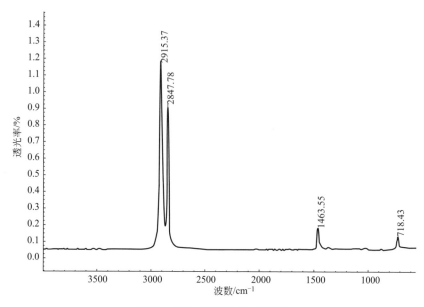

图 5　混合色样品红外光谱图

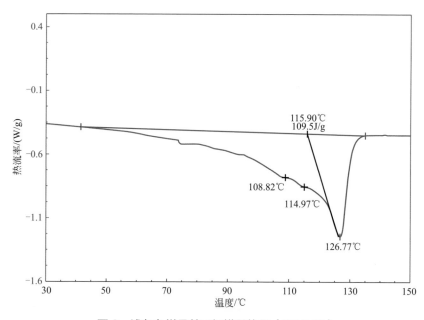

图 6　浅灰色样品差示扫描量热图（DSC 图）

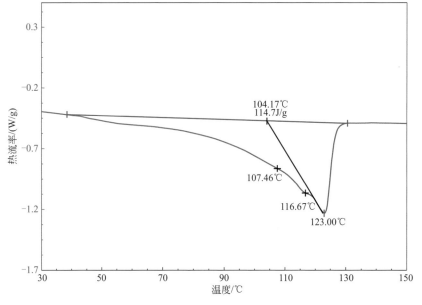

图 7　黑色样品差示扫描量热图（DSC 图）

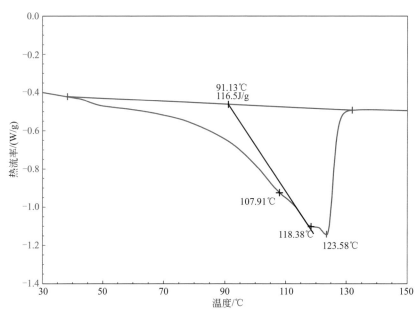

图 8　混合色样品差示扫描量热图（DSC 图）

③ 样品主体成分为 PE，参照《聚乙烯（PE）树脂》（GB/T 11115—2009）中规定的分析方法对制备的样条进行主要指标实验分析，实验结果见表 2。

表2　样品性能测试结果

性能指标项目	单位	实验结果	检测方法	标准要求[1]（PE，F，21D003[2]）
熔体质量流动速率（190℃，2.16kg）	g/10min	0.436	GB/T 3682—2000	0.3±0.1
拉伸屈服强度	MPa	15.97		—
拉伸断裂强度	MPa	15.14	GB/T 1040—2006	≥9.0
拉伸断裂标称应变	%	629.31		≥150
密度	g/cm³	0.96	GB/T 1033—2008	0.920±0.003

① 选择《聚乙烯（PE）树脂》（GB/T 11115—2009）标准中熔体流动速率与样品 MFR 相近的树脂类型进行比较。

② 代表《聚乙烯（PE）树脂》（GB/T 11115—2009）中挤出薄膜类 PE 树脂。

3　样品物质属性鉴别分析

聚乙烯（PE）的工业化生产是从低密度聚乙烯（LDPE）开始的，其密度为 0.91～0.93g/cm³，分子中存在许多短支链结构，具有良好的柔软性、延伸性、耐低温、耐化学药品性、低透水性、加工性和优异的电性能，耐热性能不如高密度聚乙烯（HDPE）。HDPE 是通用树脂中最重要的品种之一，密度为 0.94～0.97g/cm³，分子链为线形结构，具有良好的耐热、耐寒、介电、加工性，化学性质稳定、低透水性，机械性能、耐热等性能优于 LDPE。为了提高塑料原料的利用率，各种废塑料制品基本都可以造粒再生。正常合成的 PE 手感较滑腻，未着色时，呈半透明状、乳白色，柔而韧。根据对国内废塑料回收利用工厂的调研，再生塑料颗粒与原生合成塑料颗粒最明显的表观区别是颜色，利用回收塑料生产的塑料颗粒的颜色往往较深，因为大多数情况下添加了色素成分（掩盖回收塑料的不均匀，也有美观作用）和其他物质，即便不加色素，回收的单一白色 PE 薄膜造的塑料颗粒也呈浅灰色。回收废塑料普遍采用造粒方法获得再生颗粒。

样品外观颜色不均匀，有浅灰色颗粒、黑色颗粒及 1/2 为浅灰色另 1/2 为黑色的混色颗粒；颗粒尺寸上浅灰色颗粒大于黑色颗粒；3 种颜色颗粒灰分含量分别为 7.2%、5.0%、3.9%，表现出明显差异；样品主要颜色为浅灰色，其他颜色（黑色及混色）颗粒重量占比为 40%，不符合海关总署 2019 年 3 月 7

塑料物品固体废物
特征分析与属性鉴别

日发布的《进口再生塑料颗粒固体废物属性现场快速筛查检验方法（试行）》中不同性状颗粒（与样品主色系不一致的再生塑料颗粒）总含量不大于 5% 的要求；样品成分为 PE（高密度、线性低密度，低密度混合）另含少量无机物（如 TiO_2 等），由此可见样品来源复杂，混杂有不同种类的 PE 及其他无机物；样品熔体质量流动速率及密度均高于《聚乙烯（PE）树脂》（GB/T 11115—2009）中挤出薄膜类 PE 树脂技术要求的相应范围。

总之，样品从外观、成分上均表现出较大的不均匀性，有的指标不符合相关标准要求，判断鉴别样品是回收的多种类 PE 经过清洗、破碎、混匀、共熔、拉丝、切粒而形成的混合物，属于废塑料制成的再生塑料颗粒。

4 结论

样品是废塑料加工而成的再生塑料颗粒，由于其外观、成分及颗粒尺寸上均表现出较大的不均匀性且不符合《进口再生塑料颗粒固体废物属性现场快速筛查检验方法（试行）》《聚乙烯（PE）树脂》（GB/T 11115—2009）有关指标要求，是不满足所替代原料产品的质量标准要求的物质。根据《固体废物鉴别标准 通则》（GB 34330—2017）第 5.2a 条的准则，综合判断鉴别样品属于固体废物。

鉴别样品进口时间为 2019 年 1 月 27 日，根据 2018 年 4 月环境保护部、商务部、发展改革委、海关总署联合公告 2018 年第 6 号《关于调整〈进口废物管理目录〉的公告》中明确列出的"3915100000 乙烯聚合物的废碎料及下脚料"，因此，进一步判断鉴别样品属于我国禁止进口的固体废物。

十一、具有刺鼻异味的黑色聚乙烯（PE）再生颗粒

1 前言

2018 年 9 月，某海关委托中国环科院固体废物研究所对其查扣的一票进口"聚乙烯再生胶粒"的货物样品进行固体废物属性鉴别，需要确定是否属于固体废物。

2 样品特征及特性分析

① 样品共 4 袋，均为扁圆形颗粒，均具有刺鼻异味，将其分别编为 1～4 号，其中 1～3 号样品为黑色，4 号样品为藏蓝色，大小基本一致；测定样品在 600℃下灼烧后的残余灰分含量，分别为 0.21%、0.10%、0.19%、0.29%；样品外观状态见图 1～图 4。

② 采用傅里叶变换红外光谱仪（FTIR）对样品进行成分定性分析，主要成分均为聚乙烯（PE），红外光谱图见图 5～图 8。

③ 参照《塑料 拉伸性能的测定 第 2 部分：模塑和挤塑塑料的试验条件的技术》（GB/T 1040.2—2006），对样品进行性能测试，实验结果见表 1。

图1 1号样品

图2 2号样品

塑料物品固体废物
特征分析与属性鉴别

图3　3号样品　　　　　　　　　　　　　图4　4号样品

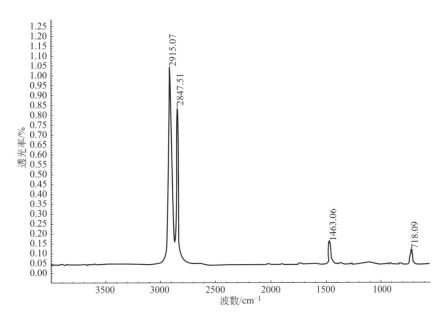

图5　1号样品红外光谱图

表1　4个样品实验结果及标准要求

性能指标项目	单位	样品实验结果				标准要求[1]
		1号	2号	3号	4号	PE，EA，49D001[2]
密度	g/cm^3	0.95	0.95	0.94	0.95	0.949±0.003
熔体流动速率（MFR）	g/10min	0.05	0.07	0.11	0.05	0.11±0.03
拉伸屈服强度	MPa	22.6	22.0	22.7	22.6	≥17.0

性能指标项目	单位	样品实验结果				标准要求[1]
		1 号	2 号	3 号	4 号	PE，EA，49D001[2]
拉伸断裂标称应变	%	242/257/115/483/316	422/181/237/577/52	20	154/121/81/419/140	≥ 350

① 选择《聚乙烯（PE）树脂》（GB/T 11115—2009）标准中熔体流动速率与样品 MFR 相近的树脂类型进行比较，未选择的说明标准中的 MFR 值与样品的 MFR 值相差较大。

② 代表《聚乙烯（PE）树脂》（GB/T 11115—2009）中挤出管材类 PE 树脂。

④ 采用气相色谱质谱仪（GC-MS）定性分析样品中的挥发性有机物，结果显示 4 个样品均有多种挥发性有机物，明显含有多种苯系物组分，见表 2～表 5。

表 2　1 号样品中挥发性有机物定性结果

序号	组分名称	序号	组分名称	序号	组分名称
1	环己烷	17	莰烯	33	1- 乙基 -2，4- 二甲基苯
2	正庚烷	18	丙基苯	34	1- 甲基 -4-（1- 甲基乙基）苯
3	2，4，4- 三甲基 -1- 戊烯	19	1- 乙基 -3- 甲基苯	35	1- 甲基 -3-（1- 甲基乙基）苯
4	甲基环己烷	20	1，3，5- 三甲基苯	36	十一烷
5	2，4，4- 三甲基 -2- 戊烯	21	1，2，4- 三甲基苯	37	2- 乙基 -1，4- 二甲基苯
6	甲苯	22	1，2，3- 三甲基苯	38	1，2，3，5- 四甲基苯
7	*cis*-1，4- 二甲基环己烷	23	癸烷	39	1，2，4，5- 四甲基苯
8	辛烷	24	1- 乙基 -2- 甲基苯	40	2，3- 二氢 -5- 甲基 -1H- 茚
9	1，3，5- 三甲基环己烷	25	1- 甲基 -3-（1- 甲基乙基）苯	41	2，3- 二氢 -4- 甲基 -1H- 茚
10	乙苯	26	右旋柠檬烯	42	1- 甲基 -2-（1- 甲基乙基）苯
11	对二甲苯	27	二氢化茚	43	萘
12	苯乙烯	28	1- 甲基 -3- 丙基苯	44	十二烯
13	邻二甲苯	29	1，4- 二乙基苯	45	1，3- 二甲基 -5-（1- 甲基乙基）苯
14	壬烷	30	1- 甲基 -4- 丙基苯	46	十二烷
15	丙基环己烷	31	1- 乙基 -3，5- 二甲基苯	47	1- 甲基萘
16	α- 蒎烯	32	4- 甲基葵烷	48	十三烷

序号	组分名称	序号	组分名称	序号	组分名称
49	2-甲基萘	51	十四烷	53	2，5-双（1，1-二甲基乙基）酚
50	十四烯	52	2，6-双（1，1-二甲基乙基）酚		

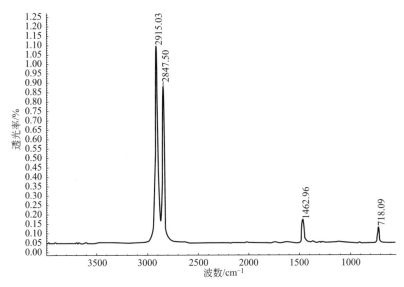

图6　2号样品红外光谱图

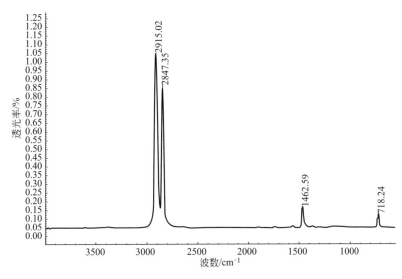

图7　3号样品红外光谱图

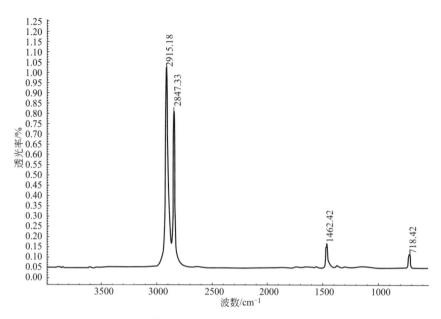

图 8　4 号样品红外光谱图

表 3　2 号样品中挥发性有机物定性结果

序号	组分名称	序号	组分名称	序号	组分名称
1	环己烷	15	1s-α-蒎烯	29	1-甲基-4-丙基苯
2	正庚烷	16	莰烯	30	1-甲基-3-丙基苯
3	2，4，4-三甲基-1-戊烯	17	丙基苯	31	1-甲基-2-丙基苯
4	甲基环己烷	18	1-乙基-3-甲基苯	32	1-甲基-3-(1-甲基乙基)苯
5	2，4，4-三甲基-2-戊烯	19	1-乙基-2-甲基苯	33	1-乙基-2，4-二甲基苯
6	甲苯	20	1，3，5-三甲基苯	34	十一烷
7	氯苯	21	1-乙基-4-甲基苯	35	2-乙基-1，4-二甲基苯
8	乙苯	22	1，2，4-三甲基苯	36	1，2，3，5-四甲基苯
9	对二甲苯	23	癸烷	37	1，2，4，5-四甲基苯
10	苯乙烯	24	1，2，3-三甲基苯	38	1-乙基-3，5-二甲基苯
11	邻二甲苯	25	1-甲基-2-(1-甲基乙基)苯	39	萘
12	壬烷	26	柠檬烯	40	十二烯
13	1-甲基乙基-苯	27	二氢化茚	41	十二烷
14	丙基环己烷	28	1，4-二乙基苯	42	1-甲基萘

序号	组分名称	序号	组分名称	序号	组分名称
43	十三烷	45	十四烯	47	2，4-双（1，1-二甲基乙基）酚
44	2-甲基萘	46	十四烷	48	3，5-二特丁基-4-羟基苯甲醛

表4 3号样品中挥发性有机物定性结果

序号	组分名称	序号	组分名称	序号	组分名称
1	环己烷	17	1-乙基-4-甲基苯	33	1-乙基-2，4-二甲基苯
2	3-甲基己烷	18	1R-α-蒎烯	34	十一烷
3	2，4，4-三甲基-1-戊烯	19	7，7-二甲基-2-亚甲基二环[2.2.1]庚烷	35	1-乙基-2，3-二甲基苯
4	甲基环己烷	20	1-乙基-3-甲基苯	36	1，2，3，5-四甲基苯
5	2，3，4-三甲基-2-戊烯	21	1-乙基-2-甲基苯	37	1，2，4，5-四甲基苯
6	2，4，4-三甲基戊烯	22	1，3，5-三甲基苯	38	萘
7	甲苯	23	1，2，4-三甲基苯	39	十二烯
8	cis-1，4-二甲基-环己烷	24	1，2，3-三甲基苯	40	十二烷
9	辛烷	25	癸烷	41	1-甲基萘
10	丁酸乙酯	26	1-乙基-3-甲基苯	42	十三烷
11	乙苯	27	1-甲基-4-(1-甲基乙基)苯	43	十四烷
12	对二甲苯	28	右旋柠檬烯	44	十五烷
13	trans-1-乙基-4甲基环己烷	29	1，3-二乙基苯	45	3，5-双（1，1-二甲乙基）酚
14	苯乙烯	30	1-甲基-3-丙基苯	46	十六烷
15	邻二甲苯	31	1-乙基-3，5-二甲基苯	47	3，5-二特丁基-4-羟基苯甲醛
16	壬烷	32	2-乙基-1，4-二甲基苯		

表5 4号样品中挥发性有机物定性结果

序号	组分名称	序号	组分名称	序号	组分名称
1	环己烷	18	1R-α-蒎烯	35	4-乙基-1,2-二甲基苯
2	3-甲基己烷	19	莰烯	36	十一烷
3	2,4,4-三甲基-1-戊烯	20	1-乙基-4-甲基苯	37	1,2,3,5-四甲基苯
4	甲基环己烷	21	1-乙基-3-甲基苯	38	1,2,4,5-四甲基苯
5	2,4,4-三甲基戊烯	22	1,3,5-三甲基苯	39	2,3-二氢-4-甲基-1H-茚
6	甲苯	23	β-蒎烯	40	2,3-二氢-5-甲基-1H-茚
7	辛烷	24	1-乙基-2-甲基苯	41	1,2,3,4-四甲基苯
8	丁酸乙酯	25	1,2,4-三甲基苯	42	萘
9	2,4-二甲基-1-戊烯	26	癸烷	43	十二烯
10	乙苯	27	1s-α-蒎烯	44	十二烷
11	对二甲苯	28	1,2,3-三甲基苯	45	1-甲基萘
12	1-乙基-4-甲基环己烷	29	1-甲基-3-(1-甲基乙基)苯	46	十三烷
13	苯乙烯	30	柠檬烯	47	1,2,3,5-四氯苯
14	邻二甲苯	31	1,4-二乙基苯	48	(E)-2-十四烯
15	壬烷	32	1-甲基-3-丙基苯	49	2,5-双(1,1-二甲基乙基)酚
16	cis-1-乙基-3-甲基环己烷	33	1-甲基-4-(1-甲基乙基)苯	50	3,5-二特丁基-4-羟基苯甲醛
17	丙基环己烷	34	1-甲基-2-(1-甲基乙基)苯		

3 样品物质属性鉴别分析

各样品外观特征、成分、性能测试结果、含有的挥发性有机物等方面具有高度相似性，判断4个样品应来自同一产生来源，以下统称为样品。

样品外观为深色扁圆状颗粒，颜色不满足合成塑料产品的特点，符合再生塑料颗粒颜色特征；样品主要成分为PE，600℃灼烧后残留有少量灰分，证明样品中含有添加剂，为 PE 再生塑料颗粒。样品的熔体流动速率（MFR）为 0.05～0.11g/10min，表明样品流动性不好，后续不容易加工成型；测试拉伸断裂标称应变结果显示，样品非常不均匀，即使同一个样品制备的标准样条的测试结果差异仍然很大，且大多数测试结果亦不满足相关塑料材料的标准要求；样品具有刺鼻异味，含有各种苯系物成分，可能是由于回收的废塑料沾染或盛装过含有上述污染物，在未经清洗或清洗不净的情形下直接作为原料进行造粒。总之，样品是再生 PE 塑料颗粒，但加工性能指标有好有坏，不符合《聚乙烯（PE）树脂》（GB/T 11115—2009）标准要求，也不符合中国塑料加工工业协会 2018 年 10 月 17 日发布，2018 年 11 月 1 日实施的《再生塑料颗粒 通则》（T/CPPIA0001—2018）标准中 4.6a 条再生塑料颗粒应无明显的刺激性异味的要求。

4　结论

样品是 PE 再生塑料颗粒，加工性能指标有好有坏，总体上不符合《聚乙烯（PE）树脂》（GB/T 11115—2009）标准要求，也不符合《再生塑料颗粒通则》（T/CPPIA 0001—2018）标准中对再生塑料气味的要求。样品具有刺鼻异味，可能是由于回收废塑料沾染或盛装过含有上述污染物，在未经清洗或清洗不净的情形下直接作为原料进行造粒得到的产物。根据《固体废物鉴别标准 通则》（GB 34330—2017）第 5.2 条准则，判断鉴别样品属于固体废物。

鉴别样品的货物进口时间为 2018 年 6 月 5 日，根据 2017 年环境保护部、商务部、发展改革委、海关总署、国家质检总局发布的 39 号公告《限制进口类可用作原料的固体废物目录》，该目录中列出了"3915100000 乙烯聚合物的废碎料及下脚料"，建议将样品归于此类废物，因而进一步判断鉴别样品属于进口当时我国限制进口类的固体废物。

十二、黄绿色聚乙烯（PE）再生颗粒

1 前言

2018 年 9 月，某海关委托中国环科院固体废物研究所对其查扣的一票进口"LDPE 再生粒子"的货物样品进行固体废物属性鉴别，需要确定是否属于国家禁止进口的固体废物。

2 样品特征及特性分析

① 样品为浅黄绿色扁圆形颗粒，外观颜色明显不均，散发出刺激性异味。测定样品在 600℃下灼烧后的灰分含量为 9.38%。样品外观状态见图 1。

图 1 样品外观

② 采用红外光谱仪分析样品主要成分，主要成分为聚乙烯（PE），还有少量 $CaCO_3$ 等无机物。

③ 样品散发出一定的异味，采用气相色谱 - 质谱仪（GC-MS）分析样品的挥发性有机物，含有 2，4，4- 三甲基 -1- 戊烯、乙苯、对二甲苯、1，3，5，7- 环辛四烯、1，2，3- 三甲基苯、柠檬烯、2，5- 双（1，1- 二甲基乙烯）- 苯酚、3，5- 二叔丁基苯甲酸。

④ 参照《塑料 拉伸性能的测定 第 2 部分：模塑和挤塑塑料的试验条件

塑料物品固体废物
特征分析与属性鉴别

的技术》（GB/T 1040.2—2006），对样品进行拉伸性能的测试，实验结果见表1。

表1 样品的实验结果与参考标准值的对比

性能指标项目		熔体质量流动速率（190℃，2.16kg）/（g/10min）	拉伸屈服强度/MPa	拉伸断裂强度/MPa	拉伸断裂标称应变/%	密度/（g/cm³）
样品实验结果		0.49	11.73	11.24	169.98	0.99
标准要求①	1	0.35±0.15	≥24	—	≥350	0.960±0.005
	2	0.70±0.30	≥15	—	≥50	0.945±0.004

① 选择《聚乙烯（PE）树脂》（GB/T 11115—2009）标准中熔体流动速率与样品MFR相近的树脂类型进行比较，未选择的说明标准中的MFR值与样品的MFR值相差较大，1为吹塑类PE，BA，62D003，2为电线电缆绝缘类PE，JA，45D007。

3 样品物质属性鉴别分析

样品外观为浅黄绿色扁圆形颗粒、颜色不均，不符合通常合成塑料颗粒鲜亮透明的特点，符合再生塑料颗粒颜色特征；样品主要成分为PE，还含有少量的$CaCO_3$，600℃灼烧后残留有9.38%的灰分，表明样品中含有添加剂，为PE再生塑料颗粒。样品的熔体流动速率、拉伸屈服强度、拉伸断裂标称应变均不能完全满足《聚乙烯（PE）树脂》（GB/T 11115—2009）标准要求；样品散发出一定的异味，成分分析表明样品中含有乙苯、对二甲苯、1，3，5，7-环辛四烯等有害物质，可能是由于回收的废塑料沾染或盛装过含有上述污染物，在未经清洗或清洗不干净的情形下直接作为原料进行造粒。总之，样品是PE再生塑料颗粒，但加工性能指标有好有坏，总体上不符合《聚乙烯（PE）树脂》（GB/T 11115—2009）标准要求，也不符合中国塑料加工工业协会2018年10月17日发布，2018年11月1日实施的《再生塑料颗粒通则》（T/CPPIA 0001—2018）标准中4.6a条再生塑料颗粒应无明显的刺激性异味的要求。

4 结论

样品是PE再生塑料颗粒，但加工性能指标有好有坏，总体上不符合《聚乙烯（PE）树脂》（GB/T 11115—2009）标准要求，也不符合《再生塑料颗粒通则》（T/CPPIA 0001—2018）标准中对再生塑料气味的要求。样品散发出异味，可能是由于回收的废塑料沾染或盛装过含有上述污染物，在未经清洗或清洗不净的情形下直接作为原料进行造粒得到的产物。依据《固体废物鉴别标准 通则》（GB 34330—2017）第 5.2 条的准则，判断鉴别样品属于固体废物。

根据 2017 年环境保护部、商务部、发展改革委、海关总署、国家质检总局发布的 39 号公告《限制进口类可用作原料的固体废物目录》，该目录中列出了"3915100000 乙烯聚合物的废碎料及下脚料"，建议将鉴别样品归于此类废物，因而进一步判断鉴别样品属于进口当时我国限制进口类的固体废物。

塑料物品固体废物
特征分析与属性鉴别

十三、聚乙烯（PE）和尼龙（PA）共混再生塑料颗粒

1 前言

2019 年 4 月，某海关委托中国环科院固体废物研究所对其查扣的一票"PE 共聚物塑胶粒，再生粒"货物样品进行固体废物属性鉴别，需要确定是否属于固体废物。

2 样品特征及特性分析

① 样品整体为淡黄色塑料颗粒，也有少量米黄、白色颗粒；样品多为薄厚不均的扁圆颗粒，同时混有较多形状不规则碎屑；在 600℃下灼烧样品测其灰分为 0.3%；用孔径为 2mm、5mm 的筛子对样品进行筛分，可见颗径＞5mm 颗粒为较厚的扁圆状且颜色较深，＜2mm 颗粒为碎屑渣状，筛分质量百分占比见表 1；样品外观状态见图 1，筛分出颗径＞5mm 及＜2mm 的颗粒见图 2。

表1 样品颗粒筛分质量百分比

样筛孔径	筛下颗粒质量百分占比 /%	筛上颗粒质量百分占比 /%
2mm	0.5	99.5
5mm	40.0	60.0

图1 样品

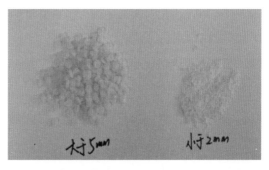

图2 筛分出的粒径＞5mm 及＜2mm 的颗粒

② 采用傅里叶变换红外光谱仪（FTIR）、差示扫描量热分析仪（DSC）分析样品的成分，主要为聚乙烯（PE）约占57%、尼龙6（PA6）约占43%，少量乙烯-醋酸乙烯共聚物（EVA）和其他成分，DSC曲线图显示样品颗粒有71℃、124℃、222℃三个熔点；样品红外光谱图见图3，DSC曲线图见图4。

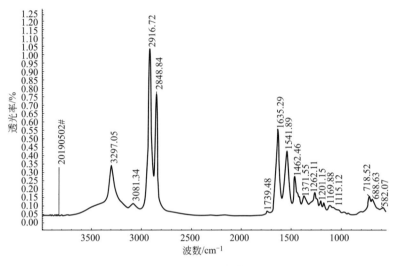

图3 样品红外光谱图

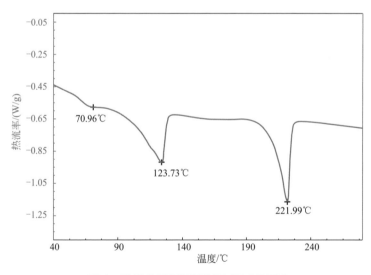

图4 样品差示扫描量热图（DSC图）

③ 样品主体成分为PE和PA6，参照《聚乙烯（PE）树脂》（GB/T 11115—2009）中规定的分析方法对制备的样条进行主要指标分析，其中熔体质量流动

塑料物品固体废物
特征分析与属性鉴别

速率的检测条件为（190℃，2.16kg），但样品在该条件下未测出数值，故使用（230℃，2.16kg）条件进行测试。实验结果见表2，样品制作的样条及拉伸后的样条外观对比情况见图5。

表2　样品性能实验结果

性能指标项目	单位	实验结果	检测方法	标准要求[1]（PE, FB, 21D025[2]）
熔体质量流动速率（190℃，2.16kg）	g/10min	无法测出	GB/T 3682.1—2018	2.4±0.6
熔体质量流动速率（230℃，2.16kg）	g/10min	3.25		
拉伸屈服强度	MPa	26.53	GB/T 1040.1—2018	—
拉伸断裂强度	MPa	24.32	GB/T 1040.1—2018	≥6.0
拉伸断裂标称应变	%	425.91	GB/T 1040.1—2018	≥150
密度	g/cm^3	0.98	GB/T 1033.1—2008	0.920±0.003

① 选择《聚乙烯（PE）树脂》（GB/T 11115—2009）标准中熔体流动速率与样品 MFR 相近的树脂类型进行比较。

② 代表《聚乙烯（PE）树脂》（GB/T 11115—2009）中挤出薄膜类 PE 树脂。

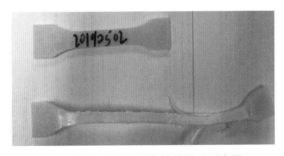

图5　样品制作的样条拉伸前后对比图

3　样品物质属性鉴别分析

PE 的工业化生产是从低密度聚乙烯（LDPE）开始的，其密度为 0.91～0.93g/cm^3，分子中存在许多短支链结构，具有良好的柔软性、延伸性、耐低温、耐化学药品性、低透水性、加工性和优异的电性能，耐热性能不如高密度聚乙烯（HDPE）。HDPE 是通用树脂中最重要的品种之一，密度为 0.94～0.97g/cm^3，分子链为线形结构，具有良好的耐热、耐寒、介电、加工性，化学性质稳定、低透水性，机械性能、耐热等性能优于 LDPE。为了提高塑料原料的利用率，各种废塑料制品基本都可以造粒再生利用。根据对国内废塑料回收利用工厂的调研，再生塑料颗粒与原生合成塑料颗粒的最明显的表观区别是颜色，利用回收塑料生产的塑料颗粒的颜色往往较深，因为大多数情况下添加了色素成分（掩盖回收塑料的不均匀，也有美观作用）和其他物质。

样品外观颜色与合成塑料颗粒产品颜色纯正无杂的特点不符，符合再生塑料颗粒颜色特征；样品形状大多为扁圆状，应是废塑料造粒磨面热切工艺的产物；样品成分质量比为约 3：2 的聚乙烯 - 尼龙共混 / 共聚物，样品 600℃灼烧后灰分在 0.3% 左右，证明样品中添加了少量无机物，推测其为聚乙烯 - 尼龙共混 / 共聚再生塑料颗粒；样品熔体流动速率在《聚乙烯（PE）树脂》（GB/T 11115—2009）标准测试条件下无法测出；样品密度高于《聚乙烯（PE）树脂》（GB/T 11115—2009）中挤出薄膜类 PE 树脂技术要求的 $0.91 \sim 0.92 g/cm^3$ 的密度范围。

样品颗粒大小整体上为薄厚不均的扁圆状，同时混有较多的不规则碎屑，根据《塑料 颗粒外观实验方法 第 1 部分 目测法》（SH/T 1541.1—2019）中大粒（任意方向尺寸 > 5mm 的粒子）、小粒（任意方向尺寸 < 2mm 的粒子）的定义要求，样品大、小粒颗粒分别为 60%、0.5%，仅有不足 40% 的样品颗粒尺寸在 2 ~ 5mm 之间；样品中大粒颗粒表现为扁圆片状较厚且颜色较深，小粒样品为碎屑渣状，样品外观颜色、形状均表现出较严重的不均匀性。

因此，判断鉴别样品可能是回收的聚乙烯 - 尼龙共混 / 共聚料经过清洗、破碎、混匀、共熔、拉丝、切粒而形成的产物，属于废塑料制成的再生料。

4 结论

样品为聚乙烯 - 尼龙共混 / 共聚颗粒，其外观颜色、形状均表现出较严重的不均匀性，不符合《聚乙烯（PE）树脂》（GB/T 11115—2009）标准中熔体质量流动速率及密度指标，表明：一是原料来源杂；二是其加工生产过程没有质量控制，样品是回收 PE、PA 等塑料生产中产生的下脚料、不合格品或残次品。根据《固体废物鉴别标准 通则》（GB 34330—2017）中 4.1a、4.2a 条的准则，判断鉴别样品属于固体废物。

鉴别货物进口时间为 2018 年 12 月 26 日，根据 2017 年 8 月环境保护部、商务部、发展改革委、海关总署、质检总局联合公告 2017 年第 39 号《限制进口类可用作原料的固体废物目录》，其中明确列出"3915100000 乙烯聚合物的废碎料及下脚料"，建议将鉴别货物归于此类废物，因而进一步判断鉴别样品在进口当时属于我国限制类进口的固体废物。

十四、尼龙（PA）再生塑料颗粒

1 前言

2019 年 5 月，某海关委托中国环科院固体废物研究所对其查扣的一票"PA6 塑胶粒再生料"货物样品进行固体废物属性鉴别，需要确定是否属于固体废物。

2 样品特征及特性分析

① 样品整体外观颜色为淡黄色，夹杂有少量白、棕黄、淡蓝等颗粒，颗粒为圆柱状，也有少量连粒，600℃下灼烧样品后的灰分为 0.1%；用孔径为 2mm、5mm 的样筛对样品进行筛分，筛分颗粒质量百分占比见表 1；样品外观状态见图 1，筛分后颗径＞5mm 及＜2mm 的颗粒见图 2。

表 1　样品颗粒筛分质量占比

样筛孔径	筛下颗粒质量百分比 /%	筛上颗粒质量百分比 /%
2mm	0.48	99.52
5mm	99.47	0.53

图 1　样品

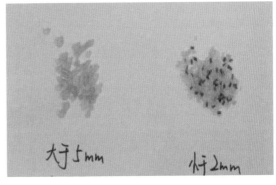

大于 5mm　　小于 2mm

图 2　筛分出的颗径＞5mm 及＜2mm 的颗粒

② 采用傅里叶变换红外光谱仪（FTIR）及差示扫描量热分析仪（DSC）对样品进行成分分析，主要为尼龙 6 和尼龙 66；DSC 显示样品颗粒有 2 个熔

点，分别为 223℃、260℃。样品红外光谱图见图 3，DSC 图见图 4。

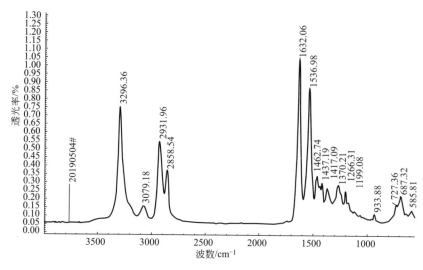

图 3　样品红外光谱图

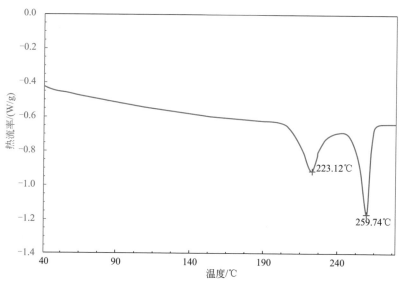

图 4　样品差示扫描量热图（DSC 图）

③ 测定样品的熔体质量流动速率 $MFR_{275/325}$，结果为 7.39g/10min。

④ 参照《塑料 拉伸性能的测定 第 2 部分：模塑和挤塑塑料的试验条件》（GB/T 1040.2—2006），对样品制作的样条进行主要性能指标分析，样条拉伸强度为 37.72MPa，断裂伸长率为 5.9%，制作的样条及拉伸后的样条外观见图 5。

塑料物品固体废物
特征分析与属性鉴别

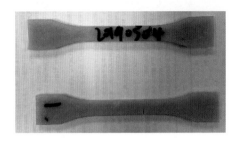

图 5 样品样条拉伸前后对比图

3 样品物质属性鉴别分析

样品成分是尼龙 6 和尼龙 66。尼龙 6（PA6）树脂制品为半透明或不透明的乳白色结晶形聚合物，具有优良的弹性、强度、耐磨、耐冲击、耐化学品等特点，拉伸强度为 54 ～ 81MPa，断裂伸长率为 70% ～ 250%。

样品整体颜色为淡黄色，夹杂有少量杂色颗粒，样品不具有合成塑料颗粒无色透明或鲜艳的颜色。样品的拉伸强度为 37.72MPa，低于尼龙 6 树脂制品的最低要求，断裂伸长率仅为 5.91%，远低于尼龙 6 树脂制品的要求；根据《塑料 颗粒外观实验方法 第 1 部分 目测法》（SH/T 1541.1）中大粒（任意方向尺寸＞ 5mm 的粒子）、小粒（任意方向尺寸＜ 2mm 的粒子）的要求，样品大、小粒颗粒分别为 0.53%、0.48%，小粒中夹杂有较多棕黄、淡蓝色颗粒。

根据样品理化特征分析结果，判断该样品是回收的尼龙 6 和尼龙 66 树脂制品经过清洗、破碎、混匀、共熔、拉丝、切粒而形成的再生塑料颗粒。

4 结论

样品外观状态表现出一定的不均性，其加工性能远没有达到被替代的原生料尼龙 6 的性能指标要求，表明一是原料来源杂，二是其加工生产过程没有质量控制，是回收尼龙塑料生产中产生的不合格品或残次品，根据《固体废物鉴别标准 通则》（GB 34330—2017）中 4.1a、4.2a 条的准则，判断鉴别样品属于固体废物。

根据 2017 年 8 月环境保护部、商务部、发展改革委、海关总署、质检总局联合公告 2017 年第 39 号《限制进口类可用作原料的固体废物目录》，其中明确列出"3915909000 其他塑料的废碎料及下脚料"，建议将鉴别样品归于此类废物，因而鉴别样品在进口当时属于我国限制进口类的固体废物。

十五、废塑料卷膜（PE）

1 前言

2017 年 7 月，某海关委托中国环科院固体废物研究所对其查扣的一票进口"聚乙烯醇薄膜"的货物进行固体废物属性鉴别，需要确定是否属于固体废物。

2 货物特征及特性分析

现场所有货物已从集装箱内掏出，货物装于聚丙烯吨袋内，堆放在太仓港口岸集中查验中心货场。从裸露在外面的货物看，货物为带卷芯的塑料卷膜，基本没有使用过，卷的大小有差别，有的已经扭曲变形，两端和表面明显脏污，根据经验判断基本为聚乙烯（PE）膜。

随机抽取 13 包货物进行拆包查看，大部分货物是带有纸芯的塑料卷膜，拆包查看的最后一个袋内货物为压实的塑料膜块状料；袋内货物杂乱摆放，有的已经变形；同时袋内的塑料卷膜厚度不同、透明度不同、长短规格也不同；此外，有的货物表面脏污，有的霉变发黑，有的发黄似粘有油污；还有的外层卷膜已经出现老化现象，变得凹凸不平，不再平整光滑。货物状况见图 1～图 8。

图1 吨袋装的货物

图2 脏污货物

塑料物品固体废物
特征分析与属性鉴别

图3　扭曲变形的货物

图4　有老化现象的货物

图5　外表沾染污渍

图6　内部沾染污渍

图7　内部脏污

图8　压成块的塑料膜

3　货物物质属性鉴别分析

根据货物特征判断鉴别货物是回收的塑料膜（卷）生产厂的库存积压品，这些库存塑料膜（卷）由于长时间堆存，有的已经发生变形、老化、受潮霉变、沾染污物等现象。

4 结论

鉴别货物是回收的塑料膜（卷）生产厂的库存积压品，有的表面已经发生变形、老化、受潮霉变、沾染脏污等现象，是不符合质量标准或规范的产品，属于被抛弃或放弃的物质，根据固体废物法律的定义以及《固体废物鉴别导则（试行）》的原则，判断鉴别货物属于固体废物。

虽然鉴别货物表面有些脏污沾染，但没有明显外来夹杂物，膜卷内部基本干净，判断货物总体上符合《进口可用作原料的固体废物环境保护控制标准 废塑料》（GB 16487.12）的要求，属于《限制进口类可用作原料的固体废物目录》中的废塑料，建议将鉴别货物归于"3915100000乙烯聚合物的废碎料及下脚料"，因而鉴别货物在进口当时属于我国限制进口类的固体废物。

塑料物品固体废物
特征分析与属性鉴别

十六、黑白相间的废塑料薄膜（PE 膜）

1 前言

2015 年 12 月，某海关委托中国环科院固体废物研究所对其查扣的一票进口"PE 塑料膜"的货物进行固体废物属性鉴别，需要确定是否属于国家禁止进口的固体废物。

2 货物特征及特性分析

按照《进口可用作原料的废物检验检疫规程 第 1 部分：废塑料》（SN/T 1791.1—2006）进行集装箱开箱查看、掏箱查看、拆捆查看，结果如下：

① 对 3 个集装箱货物全部开箱查看，主要为回收的黑色和白色混杂超薄塑料膜，基本上为聚乙烯膜（PE 膜），外用白色薄膜和铁丝或绳捆扎，塑料膜有明显不同程度的破损、撕裂或撕碎，捆的外部脏污；

② 对 3 个集装箱全部进行掏箱，其中 1 个全部掏出，另外 2 个货柜掏出 1/3 货物，掏箱货物情况与开箱货物一致，为黑色和白色混杂超薄塑料膜，均呈破损的块状、长条状，也可见少量的蓝色等杂色塑料膜 / 片、食品包装等；

③ 随机选取三捆货物进行拆包查看，货物潮湿和脏污，主要为不规则的破损块状、长条状黑白相间的超薄塑料膜。

货物外观状况见图 1 ～图 8。

图 1 现场掏箱

图 2 掏出的货物

图3　拆包

图4　叉车打散货物

图5　塑料膜碎料

图6　脏污塑料膜

图7　杂色塑料碎料

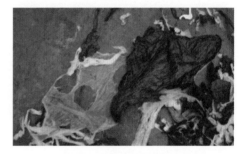

图8　黑白相间塑料膜

3　货物物质属性鉴别分析

文献资料中的黑白相间地膜图片见图9和图10，黑白间色塑料膜综合了黑白两种纯色地膜的长处，既保持了白色地膜的透光性又继承了黑色地膜良好的除草效果，具有明显的增温、灭草、保墒、环保等功效，在农业生产中的使用效果非常好，是现在农业生产中应用非常普遍的地膜[1]。

鉴别货物主要是破损的、不规则长条状黑白相间超薄塑料膜碎块，同时混杂很少量的厚塑料片、食品等塑料包装袋碎片、其他颜色超薄塑料膜，货物潮

图 9　黑白相间地膜资料图片　　　　图 10　黑白相间地膜应用的资料图片

湿和脏污。因此，判断进口货物主要是回收的废农用黑白相间塑料薄膜（如覆盖地膜），虽经简单破碎和清洗处理，但并不干净、脏污明显。

4　结论

进口货物本身申报名称为废塑料。虽然经过简单的清洗和破碎处理，鉴别货物依然不符合相关产品质量要求，根据固体废物法律定义以及《固体废物鉴别导则（试行）》的原则，判断鉴别货物属于固体废物。

《固体废物污染环境防治法》第 25 条规定"进口的固体废物必须符合国家环境保护标准"。进口废塑料薄膜内外均明显脏污，不符合《进口可用作原料的固体废物环境保护控制标准　废塑料》（GB 16487.12—2005）标准中"经加工清洗干净"的要求。

《固体废物进口管理办法》第 14 条规定"不符合进口可用作原料的固体废物环境保护控制标准或者相关技术规范等强制性要求的固体废物，不得进口"。

2014 年 12 月 30 日，环境保护部、商务部、发展改革委、海关总署、国家质检总局发布的第 80 号公告《禁止进口固体废物目录》中明确列出"从居民家收集的或从生活垃圾中分拣出的已使用过的塑料袋、膜、网，以及已使用过的农用塑料膜和已使用过的农用塑料软管"，建议将鉴别货物归于此类废物，因而进一步判断鉴别货物在进口当时属于我国禁止进口的固体废物。

参考文献

[1] 陈远兰，罗小荣，刘发云，等. 黑白间色膜在农业生产中的应用效果 [J]. 新疆农业科技，2005（01）：44.

十七、脏污农膜（黑白 PE 膜）

1 前言

2013 年 11 月，某海关委托中国环科院固体废物研究所对其查扣的一票进口"废塑料"的货物进行固体废物属性鉴别，需要确定是否属于国家禁止进口的固体废物。

2 货物特征及特性分析

按照《进口可用作原料的废物检验检疫规程 第 1 部分：废塑料》（SN/T 1791.1—2006）进行集装箱开箱查看、掏箱查看、拆捆查看，结果如下：

① 对 2 个集装箱开箱后均散发恶臭气味；集装箱内货物未满，仍有一些空间，货物为成捆包裹的大塑料膜，大部分塑料膜一面为灰白色、另一面为黑色；货物潮湿，门口有渗滤液；塑料包裹表面明显脏污、有农作物藤茎和黏附泥土；另有少量黑色塑料空心长软带。

② 对 2 个集装箱均掏出约 2/3 的货物，货物特征与开箱货物特征一致，散发恶臭，大塑料膜裹挟大量泥土和农作物藤茎，潮湿；还有一些黑色塑料长软带，箱内有明显泥土和深色渗滤液。

③ 随机抽取货物用叉车打散和人工打散，主要为潮湿的成团长塑料膜，难以完全打散，明显可见塑料膜内裹挟大量泥土和农作物藤茎，散发臭味。

货物外观状态见图 1～图 6。

3 货物物质属性鉴别分析

货物主要为破损、脏污的成捆成卷的塑料膜，是来自农作物生产过程中使用过的塑料膜，并夹带有非常明显的泥土和农作物藤茎，还有少量用于灌溉用的黑色塑料空心软带。

图1　箱内货物

图2　掏出的货物

图3　塑料膜上黏附的泥土

图4　塑料膜上黏附的作物藤茎

图5　裹挟大量泥沙

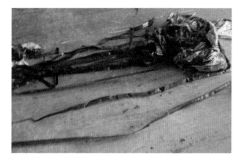

图6　黑色塑料空心软带

4　结论

鉴别货物为废农用塑料薄膜，不符合《进口可用作原料的固体废物环境保护控制标准—废塑料》（GB 16487.12—2005）标准的要求；2009年8月环境保护部等部门发布的第36号公告的《禁止进口固体废物目录》中明确列出了"已使用过的农用塑料膜"；《进出境动植物检疫法》第五条明确规定禁止进口土壤。因此，判断鉴别货物在进口当时属于我国禁止进口的固体废物。

十八、杂色聚碳酸酯（PC）边皮料

1 前言

2018 年 3 月，某海关委托中国环科院固体废物研究所对其查扣的一票进口 "PP 塑料板材" 的货物进行固体废物属性鉴别，需要确定是否属于国家禁止进口的固体废物。

2 货物特征及特性分析

（1）货物开箱、掏箱查看

查看情况如下：

① 开箱货物为不同颜色、不同规格、不同尺寸、不同厚度的塑料片，打捆叠放，外裹塑料薄膜，薄膜外贴着印有 "PP OFF GRADE PLANK MADE IN JAPAN" 纸质标签。

② 掏箱货物整体情况与开箱货物基本一致，箱内部分货物盖纸盒后打捆，货物是不同颜色、不同规格、不同尺寸、不同厚度塑料片。

③ 从托盘侧面可见褐色、黑色、墨绿色、白色等多种颜色塑料片横竖叠放，大部分塑料片由表面膜 - 塑料片 - 表面膜三层组合而成，也有小部分塑料片外层未贴有表面膜，大部分塑料片出现弯曲、划痕、表面膜掀起或破损等情况。货物外观状况见图 1～图 4。

图 1　开箱货物状况

图 2　箱内货物标签

| 图 3　掏箱货物 | 图 4　不同裁切边料 |

（2）对随机抽取的样品进行成分分析

7 个样品基板材质及表面膜材质成分见表 1，样品状态见图 5 和图 6。

表 1　样品形态、基板材质及表面膜材质

样品	样品形态	基板材质	表面膜材质
1	淡蓝色板：淡蓝色基板、无色表面膜		聚乙烯（PE）
2	湖蓝色板：无色基板、湖蓝色表面膜		聚乙烯（PE）
3	茶紫色板		表面无覆膜
4	微蓝色板：微蓝色基板、无色表面膜	聚碳酸酯（PC）	
5	淡绿色板：淡绿色基板、无色表面膜		聚丙烯（PP）及少量聚乙烯（PE）
6	短灰色板：灰色基板、无色表面膜		聚丙烯（PP）及少量聚乙烯（PE）
7	长灰色板：灰色基板、无色表面膜		聚丙烯（PP）及少量聚乙烯（PE）

| 图 5　1～3 号样品 | 图 6　4～7 号样品 |

3　货物物质属性鉴别分析

根据鉴别货物的外观特征和对样品的成分分析结果，判断鉴别货物是聚碳酸酯（PC）塑料板材及其制品在生产加工过程中产生的不同颜色、不同尺寸、不同厚度的裁切产生的边角料、下脚料等，不具备正常产品或原材料的基本特征。

4　结论

鉴别货物是回收的塑料制品厂在生产加工过程中产生的不同颜色、不同规格、不同尺寸、不同厚度的边角料、下脚料，并且大部分塑料片出现弯曲、严重划痕、表面膜掀起或破损等情况，根据《固体废物鉴别标准　通则》（GB 34330—2017）第 4.2 条的准则，判断鉴别货物属于固体废物。

鉴别货物为 PC 塑料片，外观整体干净，没有发现其他夹杂物，不是回收的生活来源废塑料，符合《进口可用作原料的固体废物环境保护控制标准　废塑料》（GB 16487.12—2005）标准的要求。

2017 年 8 月 10 日，环境保护部、商务部、发展改革委、海关总署、国家质检总局联合发布第 39 号公告中的《限制进口类可用作原料的固体废物目录》中明确列出了"3915909000 其他塑料的废碎料及下脚料"，建议将鉴别货物归于此类废物，因而鉴别货物进口当时属于我国限制进口类的固体废物。

塑料物品固体废物
特征分析与属性鉴别

十九、聚对苯二甲酸乙二醇酯（PET）泡泡料

1 前言

2017 年 11 月，某海关委托中国环科院固体废物研究所对其查扣的一票进口"PET 粒子"的货物样品进行固体废物属性鉴别，需要确定是否属于固体废物。

2 样品特征及特性分析

① 样品为干燥的米黄色颗粒，外观毛糙且形状不规则（似不均小爆米花），粒度大小不均匀。测定样品 550℃灼烧后的烧失率为 99.52%。样品外观状态见图 1。

图 1　样品外观

② 采用傅里叶变换红外光谱仪（FTIR）分析样品有机组分，主要为聚对苯二甲酸乙二醇酯（PET），红外谱图见图 2。

③ 采用 X 射线荧光光谱仪（XRF）分析样品灼烧残余物的成分，主要成分见表 1。

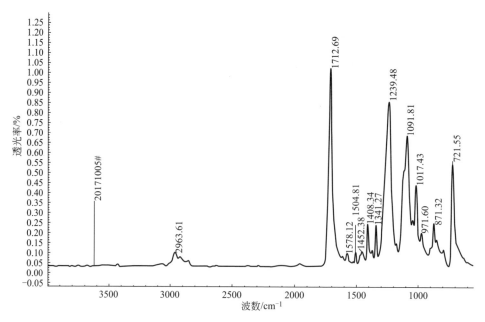

图2　样品的红外光谱图

表1　550℃灼烧残余物主要成分及含量（除 Cl 以外，其他元素均以氧化物表示）

成分	TiO_2	SiO_2	Sb_2O_3	Na_2O	Fe_2O_3	CaO	Al_2O_3	P_2O_5	K_2O
含量 /%	74.99	7.35	5.43	3.78	2.50	2.39	0.91	0.60	0.57
成分	SO_3	MgO	ZnO	PbO	Cl	CuO	MnO	Nb_2O_5	—
含量 /%	0.54	0.40	0.22	0.11	0.06	0.06	0.05	0.03	—

3　样品物质属性鉴别分析

样品的主要成分为聚对苯二甲酸乙二醇酯（PET），样品与从互联网搜索的再生 PET 泡泡料图片有些类似，见图3和图4，因此判断鉴别样品为 PET 再生泡泡料。

可将废旧聚酯纺织品通过摩擦成形工艺制成颗粒为 2 ~ 5mm 的泡泡料[1]。对江苏省某泡泡料生产企业调研了解到，生产泡泡料的原料是回收的各类 PET 织物，简单分拣后便投入热熔化炉中，出料时搅拌成不规则疙瘩颗粒并用水冷却，因此 PET 泡泡料属于回收 PET 纺织材料的简单加工产物。

塑料物品固体废物
特征分析与属性鉴别

图 3　再生 PET 白色泡泡料　　　　　图 4　再生 PET 蓝色泡泡料

4　结论

样品是 PET 再生泡泡料，生产过程无质量控制，不具有产品质量标准，其利用属于有机物质的回收；调研了解到，以往我国企业进口 PET 泡泡料是作为废塑料原料来进口，需要获得环保部门的进口许可证。由于样品进口时间在 2017 年 10 月之前，因此根据《固体废物鉴别导则（试行）》的原则和该类物料的管理实践，判断鉴别样品属于固体废物。

2014 年 12 月 30 日，环境保护部、商务部、发展改革委、海关总署、国家质检总局发布第 80 号公告中《限制进口类可用作原料的固体废物目录》中列出"3915901000 聚对苯二甲酸乙二酯废碎料及下脚料"，建议将样品归于该类废物，因而鉴别样品在进口当时属于我国限制进口类的固体废物。

参考文献

[1] 王爽 . 废旧聚酯纺织品的乙二醇醇解技术研究 [D]. 上海：东华大学，2017.

二十、回收聚苯醚（MPPO）塑料制品的破碎料

1 前言

2016 年 11 月，某海关委托中国环科院固体废物研究所对其查扣的一票"改性聚苯醚塑粒"的货物样品进行固体废物属性鉴别，需要确定是否为废塑料。

2 样品特征及特性分析

① 样品为黑色塑料颗粒，颗粒大小不均匀、形状不规整，有粘手的细粉末。样品外观状态见图1。

图1 样品外观

② 采用傅里叶变换红外光谱仪（FTIR）和热失重分析仪（DSC）对样品中的黑色颗粒进行成分分析，含有聚苯醚（PPO）约 60%、聚苯乙烯（PS）或其他聚合物 < 5%、滑石粉约 35%、炭黑 < 1%，样品红外光谱图及热失重谱图见图 2 和图 3。经热塑压片实验确定样品具有热塑性。

③ 采用 X 射线荧光光谱仪（XRF）分析样品在 550℃灼烧后残渣的成分，结果见表 1。

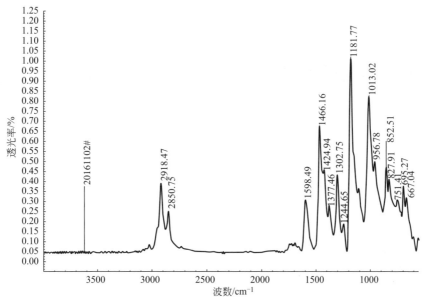

图2 样品红外光谱图

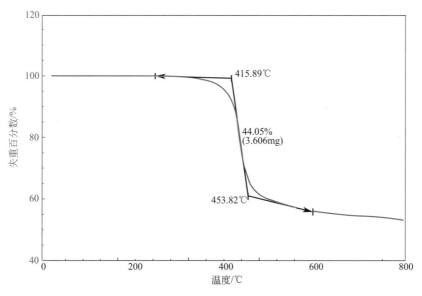

图3 样品热失重谱图（TGA图）

表 1 样品灼烧后残渣的成分及含量（除 Cl 以外，其他元素均以氧化物表示）

成分	SiO₂	CaO	MgO	Al₂O₃	ZnO	SO₃	TiO₂	Na₂O	K₂O	Fe₂O₃	SrO	P₂O₅	Cr₂O₃	Cl
含量 /%	52.78	15.72	15.32	7.47	2.26	1.92	1.14	1.00	0.97	0.97	0.24	0.16	0.03	0.02

3 样品物质属性鉴别分析

聚苯醚（PPO）树脂具有良好的力学性能、电性能、尺寸稳定性和耐热性，但熔体黏度高，加工难，制品易产生应力开裂。因此，PPO 基本不单独使用，都是与其他塑料共混，最常见是与 PS 共混，既保持了 PPO 树脂优良的电气、机械、耐热和尺寸稳定等性能，又改善了成型加工性和耐冲击性能[1]。工业应用的 90% 以上均为改性聚苯醚（MPPO）和热固性聚苯醚[2]。此外，为解决 MPPO 的易热氧降解、高温易变色，需加入抗氧剂如 ZnS、ZnO 等[3]。在制备阻燃 PPO/HIPS（高抗冲聚苯乙烯）合金时，母料中会加入 CaCO₃，然后将母料、PPO、HIPS、TiO₂（钛白粉）、抗氧剂等其他助剂混合造粒[4]。MPPO 生产流程简图见图 4，图 5 是从互联网上搜到的 MPPO 造粒产品，黑色是加入了炭黑，图 6 是 MPPO 注塑产品图片。

图 4 MPPO 生产流程示意

图 5 MPPO 颗粒产品

图 6 MPPO 网格产品

样品主要成分为 PPO，还有少量 PS，材质应属于改性聚苯醚；样品灰分中含有 Si、Ca、Mg、Al、Zn、S、Ti 等元素，应是来自各种助剂成分；与 MPPO 产品相比，样品为黑色，但外观形状不统一，大小各异，且有粘手的

塑料物品固体废物
特征分析与属性鉴别

细小碎末，可见方形镂空小物料，似图 6 中的 MPPO 注塑产品的不合格品或回收料的破碎后产物。此外，样品外观不满足《改性聚苯醚工程塑料》（HG/T 2232—1991）行业标准中第 4.1 条外观要求的规定，即"外观为圆柱状，直径为 2 ～ 4mm，长 2 ～ 7mm"。综合判断鉴别样品是属于回收的 MPPO 制品的破碎料。

4 结论

样品是 MPPO 注塑产品的不合格品或次品或回收料的破碎料，生产过程中没有质量控制，其外观特征不符合《改性聚苯醚工程塑料》（HG/T 2232—1991）标准的要求。根据《固体废物鉴别导则（试行）》中的准则，判断鉴别样品属于固体废物。

2014 年 12 月 30 日，环境保护部、商务部、发展改革委、海关总署、国家质检总局发布的第 80 号公告中，《限制进口类可用作原料的固体废物目录》列出"3915909000 其他塑料的废碎料及下脚料，不包括废光盘破碎料"，建议将样品归于此类废物，因而鉴别样品在进口当时属于我国限制进口类的固体废物。

参考文献

[1] 廖明义，陈平. 高分子合成材料学（下）[M]. 北京：化学工业出版社，2005.

[2] 邢秋，张效礼，朱四来. 改型聚苯醚（MPPO）工程塑料国内发展现状 [J]. 2006，21（05）：49-53.

[3] 胡洋，冯威，高瑜，等. 聚苯醚合金的研究进展 [J]. 中国塑料，1999，13（03）：7-11.

[4] 钱丹. 聚苯醚合金工程化 [D]. 北京：北京化工大学，2008.

二十一、废聚氯乙烯（PVC）地板回收粉

1 前言

2016 年 6 月，某海关委托中国环科院固体废物研究所对其查扣的一票"聚氯乙烯混合粉料"的货物样品进行固体废物属性鉴别，需要确定是否属于固体废物。

2 样品特征及特性分析

① 样品为灰绿色粉末状物料，干燥，可见白色、绿色小颗粒。测定样品含水率为 0.19%，550℃灼烧后的烧失率为 68.9%，样品外观状态见图 1。

图 1　样品外观

② 采用傅里叶变换红外光谱仪（FTIR）对样品进行成分分析，主要为聚氯乙烯（PVC）树脂，并显著含有添加组分，结果见表 1。采用凝胶渗透色谱仪分析样品分子量，平均分子量为 10.5×10^4。样品红外光谱图和凝胶色谱图见图 2 和图 3。

③ 采用 X 射线荧光光谱仪（XRF）分析样品 550℃灼烧后的残渣成分，结果见表 2。

塑料物品固体废物
特征分析与属性鉴别

表1 样品的成分分析结果

成分组成	质量百分占比 /%
PVC 树脂（及少量其他成分）	约 50
邻苯二甲酸酯类增塑剂（及少量其他成分），可能是邻苯二甲酸二异辛酯	约 20
CaCO₃ 和少量其他成分	约 30

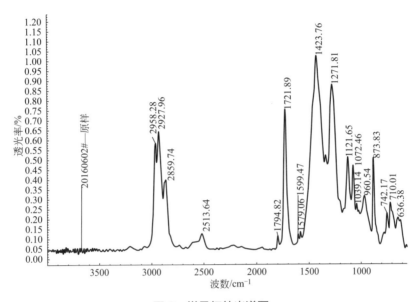

图 2　样品红外光谱图

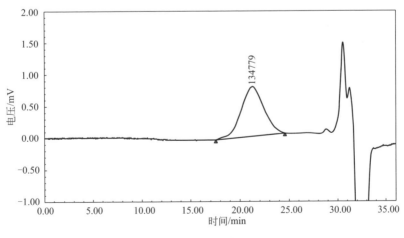

图 3　凝胶色谱图

表2　550℃灼烧后剩余残渣主要成分及含量（除 Cl 以外，其他元素均以氧化物表示）

成分	CaO	Cl	SiO$_2$	TiO$_2$	Al$_2$O$_3$	MgO	ZnO
含量 /%	57.57	26.86	6.82	3.66	1.87	1.15	0.63
成分	Fe$_2$O$_3$	Na$_2$O	SO$_3$	P$_2$O$_5$	PbO	MnO	NiO
含量 /%	0.59	0.36	0.23	0.15	0.06	0.03	0.02

④ 按照我国《悬浮法通用型聚氯乙烯树脂》（GB/T 5761—2006）规定的方法对样品进行表观密度、筛余物质量分数的测定，结果见表 3。筛上物中可见少量纤维状物质。

表3　样品物理性能指标分析结果与标准值比较

性能指标项目	单位	样品实验结果	标准值
表观密度	g/mL	0.57	≥ 0.50[①]
250μm 筛孔筛余物质量分数	%	64.0	≤ 8.0[②]

① 为标准中型号 SG7 优等品要求。
② 为标准中各型号合格品要求。

3　样品物质属性鉴别分析

（1）样品不是 PVC 树脂产品

PVC 是以氯乙烯（VCM）为单体，经多种聚合方式生产的热塑性树脂，是五大热塑性通用树脂中较早实现工业化生产的品种，其产量仅次于聚乙烯（PE），位居第二位。工业生产上实施聚合的方法主要有悬浮法、乳液法、本体法、微悬浮法和溶液法，其中悬浮聚合工艺是生产 PVC 的主要工艺，世界 PVC 生产中，约 90% 采用悬浮聚合工艺生产。悬浮聚合工艺由原材料的配制、聚合、单体回收、汽提、干燥、成品粉末颗粒包装等工序组成[1]。

《悬浮法通用型聚氯乙烯树脂》（GB/T 5761—2006）标准中要求悬浮法通用型 PVC 产品外观为白色粉末，样品外观为灰绿色粉末，还可见白色、绿色小颗粒，明显不符合标准要求；样品的密度及 250μm 筛孔筛余物的质量分数也明显不满足该标准要求，因此判断鉴别样品不是正常的 PVC 树脂产品。

（2）PVC 树脂回收料的破碎料

PVC 制品应用十分广泛，主要有以下领域：
① 建筑领域，这是 PVC 最主要的应用领域，约占 50%，主要应用于管材、

塑料物品固体废物
特征分析与属性鉴别

板材等；

② 中空包装和薄膜；

③ 电器和电气产品；

④ 汽车工业；

⑤ 日用品；

⑥ 糊树脂[1]。

PVC 产品具有抗紫外线、耐酸碱腐蚀、防霉防蛀、阻燃性好、防静电、防滑等优点，但纯 PVC 却是非常不稳定的聚合物，只有在添加了稳定剂和其他添加剂以后其优点才能体现出来。以 PVC 地板为例，常用的稳定剂有有机锡、铅盐、金属皂类等；邻苯二甲酸酯是最重要的增塑剂，占增塑剂用量的70%，此外，常用的还有邻苯二甲酸二异辛酯和邻苯二甲酸二烯丙酯，当防火要求较高时常使用的是磷酸盐增塑剂；润滑剂有褐煤蜡、石蜡、矿物油、有机硅油等；常用的填充剂是 $CaCO_3$；通常采用炭黑（C）和钛白粉（TiO_2）为颜料；为提升地板的性能还会在配方中增加 $Al(OH)_3$、$Mg(OH)_2$、Sb_2O_3 以及 $ZnHBO_3$（硼酸锌）。

表 4 是几种 PVC 地板的配方[2, 3]。

表 4　PVC 地板典型配方

成分	配方 / 每 100 份树脂中添加剂的重量份数				
	A	B	C	D	E
PVC 树脂	100	100	100	100	100
增塑剂	30	60	30	35	40
环氧油	5	5	4	5	—
加工助剂	—	—	—	—	8
稳定剂	2.5	2	2	3	2
填充料或颜料	—	30	210	70	640
发泡剂	—	5	—	—	—

PVC 产品回收与利用方式如下：第 1 种是裂解 PVC 回收化工原料；第 2 种是焚烧 PVC 利用热能和氯气；第 3 种是将废旧 PVC 产品废料经过清洗、破碎、塑化等工序加工成型或进行造粒，称为直接再生或机械法，此外还有溶剂法、改性再生等方法。其中第 3 种方式的废塑料来源有 2 个：a. 从塑料成型加工中产生的边角料、废品、废料等；b. 日常生活和工农业应用中报废的 PVC 制品，如管材、板材、塑料膜、矿泉水瓶等。可在新料中添加约 10% 再生料[4-6]。

根据表 4 的配方估算 PVC 地板产品中主要物质为：树脂 13% ~ 73%、增塑剂 5% ~ 30%、填充料 0 ~ 81%。实验结果显示，样品中主要成分是 PVC 树脂，约占 50%，$CaCO_3$ 约 30%，邻苯二甲酸酯类物质约 20%，均在 PVC 地板产品配方主要物质用量范围内，接近表 4 中 B、D 两种 PVC 地板的配方，因此判断鉴别样品来源于 PVC 产品；样品中含有一定量的 Ca、Si、Ti、Al、Mg、Zn、Pb 等元素，也符合前述资料中 PVC 产品中会加入稳定剂、增塑剂、润滑剂、填充剂和颜料的特点，进一步证明样品来源于 PVC 产品。综合判断鉴别样品是 PVC 产品回收后再经过破碎、筛分等工序过程得到的物料。

4 结论

PVC 产品回收后经过破碎、筛分等工序后得到的回收料，生产过程中没有质量控制，不符合《悬浮法通用型聚氯乙烯树脂》（GB/T 5761—2006）标准的要求。因此，根据《固体废物鉴别导则（试行）》的原则，判断鉴别样品属于固体废物。

2014 年 12 月 30 日，环境保护部、商务部、发展改革委、海关总署、国家质检总局发布的第 80 号公告中，《限制进口类可用作原料的固体废物目录》列出"3915300000 氯乙烯聚合物的废碎料及下脚料"，建议将样品归于该类废物，因而鉴别样品在进口当时属于我国限制进口类的固体废物。

参考文献

[1] 廖明义，陈平. 高分子合成材料学（下）[M]. 北京：化学工业出版社，2005.
[2] 沈晓霞. PVC 地板的配方研究 [J]. 科技资讯，2007（35）：6-7.
[3] 孙宝林，罗健. 阻燃、耐香烟灼烧 PVC 地板配方研究 [J]. 聚氯乙烯，2011，39（10）：22-24.
[4] 杨惠娣. 塑料回收与资源再利用 [M]. 北京：中国轻工业出版社，2010.
[5] 高全芹. 浅述我国废旧聚氯乙烯的回收与利用 [J]. 中国资源综合利用，2004（05）：15-18.
[6] 柯伟席，王澜. 废旧 PVC 塑料的回收利用 [J]. 塑料制造，2009（09）：51-56.

塑料物品固体废物
特征分析与属性鉴别

二十二、苯乙烯－丙烯腈－丁二烯树脂（ABS）混合颗粒

1 前言

2013 年 5 月，某海关委托中国环科院固体废物研究所对其查扣的一票"PC/ABS 塑料粉末"的货物样品进行固体废物属性鉴别，需要确定是否属于禁止进口的固体废物。

2 样品特征及特性分析

① 样品由黑色小段颗粒、浅灰色渣状韧性颗粒、灰色白芯疏松颗粒和灰色粉末组成，外观明显不均匀，样品外观状态见图 1。

图 1 样品外观

② 测定样品 550℃灼烧后的烧失率为 92.42%，采用 X 射线荧光光谱仪（XRF）分析样品 550℃灼烧后剩余的粉末组分和含量，结果见表 1。

表 1 样品灼烧后残渣成分及含量（除 Cl、Br、I 外其他元素以氧化物计）

成分	TiO_2	Al_2O_3	Sb_2O_3	SiO_2	CaO	Na_2O	MgO	P_2O_5	Br
含量 /%	91.42	1.83	1.82	1.11	0.77	0.62	0.38	0.37	0.31
成分	SnO_2	I	K_2O	Cl	SO_3	ZnO	Cr_2O_3	As_2O_3	
含量 /%	0.31	0.26	0.25	0.22	0.21	0.06	0.04	0.01	

③ 采用傅里叶变换红外光谱仪（FTIR）对样品中不同形状和颜色的颗粒进行成分分析，是以苯乙烯 - 丙烯腈 - 丁二烯树脂（ABS）颗粒为主的混合物，见表 2，不同颗粒样品红外光谱图见图 2 ～图 5。

表 2　样品红外光谱定性分析

样品的不同部分	组成成分
黑色小段颗粒	苯乙烯 - 丙烯腈 - 丁二烯共聚物（ABS 树脂）
浅灰色渣状韧性颗粒	丙烯腈与苯乙烯共聚物（AS 树脂）
灰色白芯疏松颗粒	二氧化钛（TiO_2）
灰色粉末	四溴二苯醚、TiO_2 和 ABS 树脂

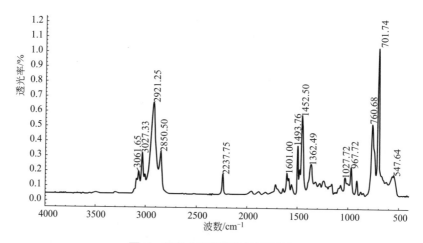

图 2　黑色小段颗粒红外光谱图

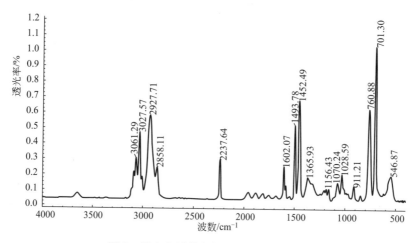

图 3　浅灰色渣状韧性颗粒红外光谱图

塑料物品固体废物
特征分析与属性鉴别

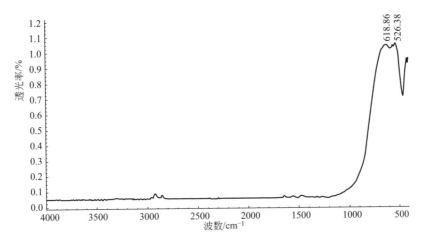

图 4   灰色白芯疏松颗粒红外光谱图

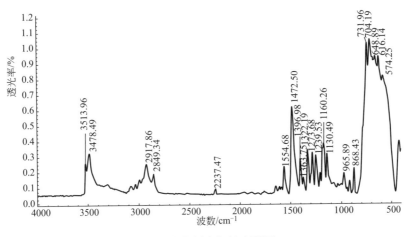

图 5   灰色粉末红外光谱图

3   样品物质属性鉴别分析

（1）样品不是 PC/ABS 塑料粉末

ABS 树脂是由苯乙烯、丙烯腈和丁二烯单体接枝共聚而成。在聚丁二烯橡胶与苯乙烯和丙烯腈的接枝共聚物中，除生成聚丁二烯与苯乙烯和丙烯腈的接枝共聚物外，单体苯乙烯和丙烯腈会发生共聚产生游离的丙烯腈与苯乙烯共聚物（AS），所以实际上是聚丁二烯与苯乙烯、丙烯腈的共聚物和游离的 AS 的混合物[1]。

ABS 树脂是五大合成树脂之一，无毒无味、不透明，一般为淡黄色粒状或珠状树脂，是一种用途极广的热塑料工程塑料。ABS 树脂有多种生产工艺，其中乳液接枝 - 掺混法是目前国内外实际生产中使用最为广泛的一种工艺。该工艺的工艺流程见图6[2]。

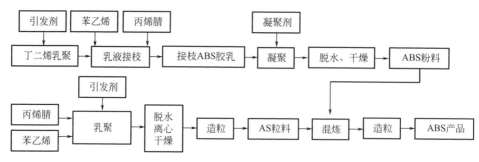

图6　乳液接枝 - 掺混法工艺流程

尽管 ABS 树脂本身具有良好的综合性能，但在阻燃性、耐热性等方面仍然存在不足，妨碍了 ABS 树脂的进一步应用，因此需要对 ABS 树脂进行改性，改性方法主要有化学共混、物理共混、填充等[3]。

聚碳酸酯（PC）是一种综合性能优良的非晶型热塑性工程塑料，但也存在诸如对缺口敏感等不足，使其应用范围受到限制，可通过改性弥补这些不足。改性方法主要有共聚、共混、填充、增强、复合等[1]。

PC/ABS 是共混改性物中的一种。在 ABS 中加入少量的 PC 可使 ABS 的耐热性、冲击强度大幅度提高；在 PC 中加入少量 ABS 可大幅度改善 PC 加工性能和缺口敏感性[1]。

红外光谱分析表明，样品为混合物，其中黑色小段颗粒、浅灰色渣状韧性颗粒、灰色白芯疏松颗粒主要成分分别为 ABS 树脂、丙烯腈与苯乙烯共聚物（AS 树脂）、二氧化钛，灰色粉末主要成分为四溴二苯醚、二氧化钛和 ABS 树脂。样品中没有检测到 PC，因此样品不是 PC/ABS 塑料粉末。

（2）ABS 填充改性

ABS 填充改性也是提高 ABS 树脂性能的有效手段，获得广泛应用。

ABS 塑料遇火易燃烧，为了使其遇火难燃或离火自熄，必须对 ABS 塑料进行阻燃改性，即在加工成制品之前在 ABS 树脂中加入阻燃剂，制备具有阻燃性能的 ABS 专用料，多溴联苯醚是 ABS 塑料常用的阻燃剂[4]，有时还加入助阻燃剂 Sb_2O_3[5]。

ABS 树脂可用碳酸钙、硫酸钙、硅灰石、滑石粉、二氧化钛、粉煤灰等无机填料填充，可明显提高 ABS 的机械强度、耐热性、耐候性和耐化学药品性[5]。

ABS 树脂与着色剂混合也是填充改性的一类，着色是为了使树脂色彩多样化，满足市场对色彩的需求，同时提高树脂的附加值[3]。

样品颜色为黑色和灰色间杂，形状为颗粒和粉末混合，与 ABS 树脂产品不透明、一般为淡黄色粒状或珠状明显不同，因此样品不是 ABS 产品。

红外光谱和 X 荧光光谱结果表明，样品是着色剂改性的 ABS 树脂（黑色颗粒）、生产 ABS 树脂的原料 AS 树脂（浅灰色渣状韧性颗粒）、无机填料（灰色白芯疏松颗粒）、阻燃剂和二氧化钛无机填料改性的 ABS 树脂（灰色粉末）的混合物，因此判断样品可能是 ABS 树脂生产过程中以及 ABS 填充改性过程中产生的废料混合物。由于 ABS 废水中的有机物为少量 ABS 树脂的原料及部分添加剂[4]，因此也不能排除样品是 ABS 废水池中的水池料。

4　结论

样品可能是 ABS 树脂生产过程中以及 ABS 填充改性过程中产生的混合物料，或者是从 ABS 废水池中的水池料，样品的产生没有质量控制，属于"生产过程中产生的废弃物质"。因此，根据《固体废物鉴别导则（试行）》的原则，判断鉴别样品属于固体废物。

2009 年 8 月 1 日，环境保护部、商务部、发展改革委、海关总署、国家质检总局发布的第 36 号公告的《禁止进口固体废物目录》中列出了"3825610000 主要含有有机成分的化工废物（其他化学工业及相关工业的废物）"，建议将鉴别样品归于这一类废物，因而鉴别样品在进口当时属于我国禁止进口的固体废物。

参考文献

[1] 姜华. ABS 树脂生产工艺研究进展 [J]. 皮革化工，2005，22（06）：8-11.

[2] 赵东风，刘发强，蒋文庆，等. 我国 ABS 树脂工业废水治理技术综述 [J]. 油气田环境保护，2003，13（02）：8-10.

[3] 廖明义，陈平. 高分子合成材料学（下）[M]. 北京：化学工业出版社，2005：184-213.

[4] 许骅，方能虎，卫碧文，等. ABS 塑料中阻燃剂多溴联苯醚的检测方法 [J]. 理化检验（化学分册），2009，45（01）：63-65.

[5] 罗璐. 硫酸钡在 ABS 色母粒及其着色制品中应用性能的研究 [D]. 北京：北京化工大学，2011.

二十三、废聚乙烯醇缩丁醛塑料膜（PVB）

1 前言

2018 年 3 月，某海关委托中国环科院固体废物研究所对其查扣的一票"PVC 膜片次品料（C 级）"货物进行固体废物属性鉴别，需要确定是否属于禁止进口的固体废物。

2 货物特征及特性分析

（1）集装箱开箱、掏箱、拆捆查看

参照《进口可用作原料的废物检验检疫规程 第 1 部分：废塑料》（SN/T1791.1—2006）进行集装箱开箱查看、掏箱查看、拆捆查看，查看结果如下：

① 开箱查看可见货物置于吨袋中，包装袋有破损，可见里面有白色泛黄半透明不规则条带状塑料厚膜，吨袋袋身贴有"PVC OFF GRADE MADE IN JAPAN"字样的标签。

② 使用叉车掏出集装箱内 6 包货物，掏箱货物整体情况与开箱货物基本一致，货物均置于吨袋内，部分包装袋有破损，露出白色泛黄半透明不规整条带状塑料厚膜。

③ 将掏出的货物全部拆包查看，货物大致分为两类：一类为折叠的大块白色泛黄半透明塑料厚膜；另一类为白色泛黄半透明不规整条带状塑料薄膜，条带状厚膜边缘不整齐。

货物外观状态见图 1～图 4。

（2）现场随机取样并封装

通过实验确定塑料膜样品材质为聚乙烯醇缩丁醛（PVB 树脂），样品包装及状态见图 5 和图 6。

塑料物品固体废物
特征分析与属性鉴别

图1　大块塑料厚膜

图2　厚塑料膜边条

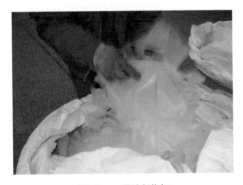

图3　厚塑料膜条

图4　厚塑料膜块

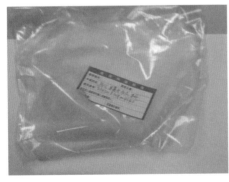

图5　样品包装

图6　样品

3　货物物质属性鉴别分析

根据鉴别货物外观特征为条带状厚膜，堆放杂乱，边缘形状不规则并伴有大面积明显折痕，据此判断鉴别货物是回收的塑料原材料生产厂或塑料制品厂在生产过程中产生的边角料或下脚料等。

4　结论

鉴别货物是回收的塑料生产厂或塑料制品厂在生产过程中产生的边角料或下脚料等，根据《固体废物鉴别标准　通则》第4.2条的准则，判断鉴别货物属于废塑料。

由于鉴别货物外观整体较干净，没有发现夹杂物，不是回收的生活来源废塑料，符合《进口可用作原料的固体废物环境保护控制标准　废塑料》（GB 16487.12—2005）标准的要求。

2017年8月10日，环境保护部、商务部、发展改革委、海关总署、质检总局联合公告2017年第39号《限制进口类可用作原料的固体废物目录》中明确列出"3915909000其他塑料的废碎料及下脚料"，建议将鉴别货物归于此类废物，因而鉴别货物在进口当时属于我国限制类进口的固体废物。

塑料物品固体废物
特征分析与属性鉴别

二十四、废酚醛树脂粉（插花泥，PF）

1 前言

2018 年 5 月，某海关委托中国环科院固体废物研究所对其查扣的一票进口"插花泥"的货物进行固体废物属性鉴别，需要确定是否属于固体废物。

2 货物特征及特性分析

由鉴别机构派人到安徽池州某企业的货物仓库进行现场查看被扣货物和随机抽样，仓库剩余的进口插花泥货物为在该企业粉碎后的绿色粉末（发泡粉末），大约还有 150 包约 3t 的重量，货物外观状态见图 1 和图 2。

对从现场采集的样品，测定含水率为 5.3%，干基样品 550℃灼烧后的烧失率为 99.0%。采用傅里叶变换红外光谱仪（FTIR）对样品进行成分分析，主体成分为酚醛树脂，另含其他少量成分。红外光谱图见图 3 和图 4，样品属于热固性树脂。

图 1　货物外观

图 2　绿色发泡粉末

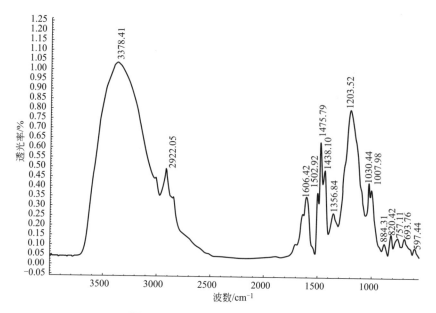

图3 现场取样分析的红外光谱图

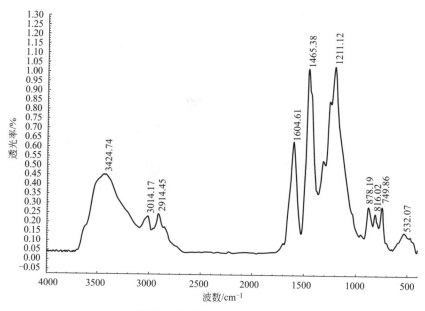

图4 现场取样的红外光谱图

塑料物品固体废物
特征分析与属性鉴别

3　货物物质属性鉴别分析

现场取样时了解到，整个仓库除了剩余很少量的粉碎后的插花泥粉末外，基本上堆满了来自国内收购的插花泥，大部分插花泥是压缩打包成块，颜色各异，也有不少粉末、碎屑和碎片。查看了公司的年产 500t 碳分子筛项目环境影响报告书，主要生产原料为酚醛树脂废料，主要产品是各种规格碳分子筛。

现场部分插花泥货物见图 5 ～图 7。

图 5　片状货物

图 6　压缩的成捆花泥货物

图 7　花泥碎片碎屑

插花泥是一种广泛应用于插花创作的花材固定材料，为绿色的具有细密多孔的海绵状泡沫体，具有高吸水性、高保水性、质地松脆并具有一定的机械强度，起着延长鲜花保鲜期的作用，因此备受插花爱好者和鲜花经营者的喜爱。可用于制作插花泥的原料有酚醛（PF）树脂、脲醛（UF）树脂、聚氨酯（PU）树脂等，但由于聚氨酯（PU）树脂原料价格昂贵，脲醛树脂强度较高，花茎不易插入等原因，已极少采用。目前，市场上的插花泥主要是由酚醛树脂制成[1]。

根据现场调研、取样分析、资料比对等信息，判断此次鉴别货物为回收的插花泥，为了运输方便在国外经过了压缩处理，而为了生产碳分子筛在国内工厂所剩的货物已经进行了粉碎处理。

4 结论

鉴别货物为回收的插花泥，丧失了插花泥的原有使用价值，属于在消费或使用过程中因使用寿命到期而不能按照原用途使用的物质，回收后再用于生产碳分子筛。依据固体废物的法律定义和《固体废物鉴别标准 通则》（GB 34330—2017）第 4.1 条的准则，判断鉴别货物属于固体废物。

由于鉴别货物属于热固性树脂，不符合《进口可用作原料的固体废物环境保护控制标准 废塑料》（GB 16487.12—2017）的要求；根据 2017 年 12 月环境保护部、商务部、发展改革委、海关总署、国家质检总局发布第 39 号公告的《禁止进口固体废物目录》中列出了"3915909000 其他塑料的废碎料及下脚料"，建议将鉴别货物归于此类废物，因而判断鉴别货物在进口当时属于我国禁止进口的固体废物。

参考文献

[1] 丁杰，李发达，杨一莹，等. 复合型可降解插花泥的制备 [J]. 化学工程师，2014，223（04）：23.

塑料物品固体废物
特征分析与属性鉴别

后记

回首一看，我从事固体废物鉴别工作 20 多年了，没有间断过。期间见证了进口废塑料管理历程的变化，并参与其中，坚信相关部门打击洋垃圾进口是利国利民的好事；同时，个人一直坚持干一行爱一行的人生理念，干的时间长了能琢磨出一些道理、总结出一些知识学问，鉴别知识经验若能为更多的读者所采纳则是有益的好事。

塑料有很多其他材料难以比拟、不可能完全被替代的优势，因为它本身就是替代其他材料而生产的材料，无论国家和社会怎么呼吁减少塑料的使用，但每时每刻废塑料无处不在人们眼前显现，并没有减少使用和废弃的迹象，形成了大量使用大量废弃的状况，因而人们能做的就是应尽量扬长避短，减少塑料的利用，充分利用和处置废塑料。废塑料特点明显：一是好识别，容易回收和分拣分类，每个人都可参与其中，符合我国国情；二是好贮存，高分子聚合物不容易变质和腐烂，贮存时间可长可短，贮存要求可高可低，也适合大众参与其中；三是好加工，技术和设备易得，场地要求和投资均不太高，产品易获得且广泛使用，容易布局布点加工利用企业，是解决废塑料环境污染的有效途径；四是可获利，经济效益好是促使废塑料循环利用的驱动力。过去几十年废塑料的无害化利用是逐步发展起来的，毋庸置疑未来还会继续存在和发展下去。在进口管理环节，废塑料已被禁止进口，这是国家法律要求，是不可逾越的红线，但再加工的塑料颗粒已经属于产品范畴，符合产品标准要求便可以进口。

长期以来废塑料成为各口岸海关盯防和打击的对象，对被查扣塑料物品的固体废物属性鉴别是打击洋垃圾行动的重要技术支撑。首先应严格执行打击洋垃圾进口的法律要求，依据塑料物品产生来源特征，对明显不符合产品标准要求的、具有掺杂而成为混合物特征的、具有危害环境和人体健康特性的、符合固体废物鉴别判断准则的，应判断为禁止进口的废塑料；其次应最大限度地将部分好的再生资源产品从固体废物中区分开来、剥离出来，对符合原材料产品特质的、明显有产品加工利用证据的、具有特定用途和高价值的物品判断为非固体废物，如大多数再生塑料颗粒和未经使用过的规整塑料板材、卷材。这是辩证法观点在固体废物鉴别中的应用，不能将属于初步加工的塑料物品以及回收的未经使用过的较好树脂材料都鉴别判断为固体废物。

为了应对全面禁止进口固体废物带来的部分塑料资源的短缺，国家相关部门支持行业协会制定废塑料再加工产物的系列产品标准，符合标准要求的塑料物品便可以进口，这样可以弥补废塑料禁止进口带来的部分资源缺口，是一种积极的应对举措。制定系列再生塑料产品标准既坚持了高品质原材料的基本要求，能过滤掉那些不合适的原材料进口，同时又充分考虑再生塑料原料来源不均匀性的特点，不过于严苛而阻碍再生资源产品的利用。国家出台的系列再生塑料颗粒产品标准对规范今后查扣塑料物品的属性鉴别具有重要作用，产品标准中技术指标要求是固体废物和非废物的分界线。

国家实行禁止进口固体废物政策后，查扣废塑料的案例逐渐减少，表明严厉的政策和执法起到了积极效应。未来进口废塑料的行为不会绝迹，还需要政府部门和行业协会进行大力宣传，需要社会各方大力支持，将打击洋垃圾入境行动取得的积极成果继续巩固下去，持续保持进口废塑料清零的状态。

周炳炎

2022 年 8 月